GASTON BACHELARD ET LES ÉTUDES CRITIQUES DE LA SCIENCE

Ouverture philosophique
Collection dirigée par Aline Caillet, Dominique Chateau et Bruno Péquignot

Une collection d'ouvrages qui se propose d'accueillir des travaux originaux sans exclusive d'écoles ou de thématiques.

Il s'agit de favoriser la confrontation de recherches et des réflexions qu'elles soient le fait de philosophes "professionnels" ou non. On n'y confondra donc pas la philosophie avec une discipline académique ; elle est réputée être le fait de tous ceux qu'habite la passion de penser, qu'ils soient professeurs de philosophie, spécialistes des sciences humaines, sociales ou naturelles, ou... polisseurs de verres de lunettes astronomiques.

Dernières parutions

Max VIDOT, *L'humanisme éthique en action : humanistique et réalité*, 2010.
Thierry HOULLE, *L'eau et la pensée grecque. Du mythe à la philosophie*, 2010.
Ulrich STEINVORTH, *Petite métaphysique du pourquoi*, 2010.
Paul SERENI, *Chose publique et bien commun chez Marx (Tome I)*, 2010.
Paul SERENI, *Marx, l'association et la liberté* (*Tome 2*), 2010.
Philippe MENGUE, *Proust-Joyce, Deleuze-Lacan : lectures croisées*, 2010.
Philippe MERLIER, *Autour de Jan Patočka*, 2010.
Bouchta FARQZAID, *L'image chez Roland Barthes*, 2010.
Ahmed MAROUANI, *Platon et l'homme dans les derniers dialogues*, 2010.
Béatrice ALLOUCHE-POURCEL, *Kant et la* Schwärmerei, 2010.
Mélissa THÉRIAULT, *Arthur Danto ou l'art en boîte*, 2010.
Agnès BESSON, *Lou Andreas-Salomé, Catherine Pozzi. Deux femmes au miroir de la modernité*, 2010.
Philippe DEVIENNE, *Penser l'animal autrement*, 2010.
Claire LE BRUN-GOUANVIC, *Suite de l'admonition fraternelle à Maresisus de Jan Amos Comenius. Traduction française annotée de Continuatio fraternae admonitionis comenii ad maresium*, 2010.

Teresa CASTELÃO

GASTON BACHELARD ET LES ÉTUDES CRITIQUES DE LA SCIENCE

Préface de Jean-Jacques Wunenburger

L'Harmattan

5-7, rue de l'Ecole polytechnique ; 75005 Paris

http://www.librairieharmattan.com
diffusion.harmattan@wanadoo.fr
harmattan1@wanadoo.fr

ISBN : 978-2-296-11719-8
EAN : 9782296117198

Je voudrais remercier mes collègues, spécialement Jean Gayon, Jean Libis, Jean-Jacques Wunenburger, Marly Bulcão, Jean et Paulette Svagelski, Eric et Madelaine Emery, Maryvonne Perrot, Cristina Chimisso, Carlo Vinti, Richard Burian, Joseph Pitt, Mordechai Feingold, Anne Laberge, Rosária Figueiredo, et Mark Pestana qui au long des décennies ont encouragé mes recherches sur la philosophie des sciences de Gaston Bachelard. À ma famille - mon père, ma mère et ma sœur - qui a toujours soutenu inconditionnellement tous mes projets et choix de vie intellectuelle, professionnelle et personnelle, va ma plus profonde et éternelle gratitude.

SOMMAIRE

Préface

La philosophie en langue française a connu au XXème siècle un renouveau remarquable, qui équilibre la place massive occupée par l'idéalisme allemand (Hegel) et la nouvelle phénoménologie (Husserl). À côté de H. Bergson, J.-P. Sartre, M. Merleau-Ponty, Gaston Bachelard (1884-1962) représente une figure et une œuvre puissantes et originales dont témoignent la réputation - certes à éclipses en France - et le rayonnement croissant dans le monde. G. Bachelard, c'est d'abord un portrait légendaire, une sorte de Marx échevelé ou de divinité pensive, c'est ensuite une œuvre singulière, scindée en deux comme les deux versants d'une montagne, l'une consacrée à la science, l'autre à la rêverie poétique sur le monde. Bref, une philosophie paradoxale qui parle d'autre chose que d'elle-même, mais pour renouveler la philosophie de la raison et de l'imagination, comme peu l'avaient fait auparavant. Il est donc difficile d'entrer dans cette œuvre double, toujours brillamment écrite, dans une langue française parfois proche d'aphorismes ou d'alexandrins. Combien de phrases qui condensent des livres ! Encore faut-il trouver la porte d'entrée dans l'unité cachée de l'œuvre. Problème que se pose chaque lecteur, chaque introducteur et chaque commentateur d'une œuvre à la fois simple par ses thèmes et complexe par ses thèses.

Teresa Castelão nous propose, dans ce livre, de nous faire pénétrer dans les arcanes de la pensée bachelardienne. Elle est depuis longtemps devenue familière du philosophe français, apprivoisant ses livres à partir de sa double culture, natale portugaise et savante américaine. Double éloignement géographique et culturel aussi, mais qui peut assurer un regard libre et novateur, bien plus pertinent peut-être que celui de lecteurs français, trop proches par la langue et la doxographie, et qui ont fini par perdre de leur fraîcheur ou de leur vigilance. Son point de vue, marqué par la réception de Bachelard en Amérique du Nord, faible et peu tournée vers les travaux sur l'esprit scientifique, lui permet de suivre le développement historique de sa pensée depuis sa thèse de 1927, d'entrecroiser les travaux sur l'imaginaire avec ceux sur la rationalité et de faire dialoguer Bachelard épistémologue avec ses contemporains.

T. Castelão a d'abord le mérite de reconstituer le contexte intellectuel de la vocation bachelardienne pour les sciences - apparue tardivement dans sa propre vie - marqué, depuis l'année 1905 (selon G. Bachelard lui-même), par les grandes révolutions scientifiques, les géométries non euclidiennes, la relativité (Einstein), la mécanique quantique (école de Copenhague), qui le conduisent à s'engager dans une réinterprétation, à contre-courant de la pensée dominante, de la rationalité scientifique. G. Bachelard appartient à ce moment de la modernité du XXème siècle où, en France en particulier, les philosophes (H. Bergson, L. Brunschvicg, E. Meyerson, etc.) réinvestissent le savoir scientifique qui est en train de bouleverser - mais tous, même en sciences, ne l'ont pas compris tout de suite -, la représentation du monde mais aussi les manières de le comprendre, qui ne se satisfont plus ni du kantisme, ni du positivisme (Cournot, Renouvier, Meyerson, Duhem).

Avec le recul, on peut trouver chez Bachelard, dans ses nombreux livres qui s'étalent entre 1927 et 1940, - qui ne se répètent pas, car Bachelard avance toujours dans la pensée et dans sa langue vers des formulations rectifiées, - tous les grands thèmes de l'histoire des sciences et de l'épistémologie critique qui vont marquer les débats de la rationalité des sciences du siècle : démarcation entre savoir non-scientifique et savoir scientifique, dialectique théorie-expérience, phénoménotechnique, construction sociale de la science, mais déclinée à sa façon particulière, maintenue dans les limites d'une confiance en la raison qui n'est pas infidèle aux Lumières. De ce point de vue, Bachelard peut être tenu pour un précurseur aussi bien de la catégorie de techno-science que de la sociologie historique des sciences, même s'il n'a pas vu la place de l'économie et du politique dans l'appareil industriel de la science et s'il a refusé de céder aux tentations du relativisme, propres aux constructivistes ultérieurs (S. Woolgar, B. Latour, P. Feyerabend). Teresa Castelão tient à montrer la voie équilibrée que représente pour G. Bachelard un rationalisme dialectique, à égale distance des courants irrationalistes et relativistes d'une part, et des tenants des formalismes, logiques analytiques et autres cognitivismes, d'autre part. Elle focalise l'originalité de G. Bachelard sur le concept de "phénoménotechnique" (1931), qui illustre et récapitule, à travers ses variations, sa conception de la science. Très tôt familier de la physique mathématique, à la suite de L. Brunschvicg, qui lui fait défendre la valeur méthodologique des mathématiques, Bachelard n'en valorise pas moins - dans une circularité nommée dialectique - le moment réaliste et matériologique, où la raison provoque la réalité par l'expérimentation, elle-même fruit d'une théorie. Mais cette épistémologie de la mobilité entre abstrait et concret, entre théorie et pratique, n'en n'a pas moins le souci d'inscrire la science dans une histoire qui la contraint à des ruptures permanentes, et dans une société, qui a la charge d'éduquer l'esprit à la science et de lui fournir une éthique de la discussion et de l'intersubjectivité. La fameuse vérité objective de la science, qui reste la valeur incontestable, résulte donc d'une concomitance complexe de conditions et de facteurs pluriels, une dynamique interne de la raison s'auto-rectifiant, un inter-rationalisme de surveillance mutuelle, une construction de concepts - parfois antithétiques - de plus en plus abstraits, mais par le moyen d'artefacts expérimentaux, une ouverture aux révolutions les plus profondes des théories en renonçant à toute absolutisation des représentations au profit d'une raison approchée.

T. Castelão, en historienne et philosophe des sciences, ne s'en tient pas là, pour ne pas abandonner aux commentateurs plus littéraires ou plus herméneutes l'axe poétique de l'œuvre, qui a pris le dessus dans ses publications à partir de 1940. Car G. Bachelard est aussi sensible aux révolutions entraînées par le surréalisme et la psychanalyse qu'à celles des sciences. Lorsqu'il ouvre la voie à une philosophie de l'imagination et de l'imaginaire, véritable complément existentiel de ses occupations scientifiques, monde de la nuit en complément au monde du jour, il ne tourne pas le dos à la raison, car même l'imagination n'est pas rebelle à une approche rationnelle et surtout elle nous aide à mieux comprendre la raison elle-même.

T. Castelão rappelle, à juste titre, que Bachelard a déjà trouvé (dès 1938 où il publie simultanément La Formation de l'esprit scientifique *et* La Psychanalyse du feu*) les images au commencement de la pensée de la science, dans l'esprit préscientifique, qu'il étudiera minutieusement, pour en établir le caractère d'obstacle et pour inviter à le rectifier, fût-ce par une psychanalyse des intérêts psychologiques cachés. Fin connaisseur de la vie psychique, grâce à C.G. Jung, Bachelard sait bien établir comment science et poésie naissent dans l'âme, elle-même adossée à un inconscient qui plonge ses racines dans les profondeurs de l'être. Si science et poésie suivent bien deux voies opposées, l'une dans le sens d'une dévitalisation des images, l'autre dans le sens de leurs amplification et surréalisation, elles obéissent cependant* *chacune à des procédures, des styles et des rythmes "parallèles", "symétriques". T. Castelão apporte dans ce livre une contribution éclairante à la cohérence de la philosophie bachelardienne, qui oppose d'autant plus les pratiques de l'esprit scientifique et de l'âme poétique qu'elles manifestent chacune les mêmes lois du psychisme, de sorte que raison et imagination procèdent avec les concepts et les images, leurs vérités et leurs valeurs propres, de manière "analogue". On n'a sans doute pas encore pris la pleine mesure de cette intuition bachelardienne, certes nulle part systématisée, mais que T. Castelão déploie avec finesse dans ses études.*

La contribution bachelardienne à la conception de la raison, qui s'éclaire même avec la confrontation avec l'imagination, loin d'être régionale, se révèle donc ambitieuse, globale, à la hauteur des grandes philosophies renouvelant la compréhension du Logos. Il n'est pas étonnant, dès lors, que Bachelard puisse être invité par T. Castelão à la table ronde des grands penseurs du XXème siècle qui ont participé à la formulation d'un nouveau rationalisme, postérieur aux grandes révolutions scientifiques. Elle restitue ainsi avec clarté la position de Bachelard à côté de celles de F. Gonseth, de K. Popper, de M. Polanyi, de Th. Kuhn, mais aussi en Amérique de I. Hacking et de P. Galison. Bachelard ne s'est pas aventuré dans une voie solitaire, marginale, qui dessinerait quelque épistémologie "à la française", frappée par conséquent du sceau du culturalisme. Il a parfaitement pris la mesure du nouvel esprit scientifique et il est donc étonnant qu'il ne soit pas plus référencé dans les débats souvent dominés par le Cercle de Vienne, Carnap, Quine, etc... T. Castelão évalue avec précision les convergences et divergences de sa pensée de la science par rapport à ses contemporains, soulignant combien G. Bachelard, tout en ouvrant une voie novatrice, évite toujours d'affaiblir la rationalité, même si elle s'enrichit par l'intégration de paramètres nouveaux.

En somme, G. Bachelard a su, et peut-être mieux que d'autres, définir les formes complexes et dynamiques d'une nouvelle rationalité, ouverte et plurielle, mais jamais seulement conventionnelle et totalement plastique, en mouvement discontinu mais pas uniquement par variations culturelles. Même si G. Bachelard a souvent été enfermé dans le carcan d'un style national français, voire européen, surtout en Amérique, il peut inspirer aujourd'hui des réflexions des plus stimulantes à l'aune des questions de notre temps. La grande confrontation, en cours d'émergence, entre les cultures, la réactivation de la tension entre sciences et religions, entre rationalité et poétique, entre progrès scientifiques et traditions symboliques, peut trouver en Bachelard, homme du jour et de la nuit, un explorateur, un observateur et un gardien des deux faces de l'esprit, en tout cas un guide critique toujours d'actualité. Et il est significatif et précieux qu'un tel hommage soit rendu par T. Castelão, qui a su se faire la lectrice clairvoyante d'une œuvre, souvent déroutante par ses objets, ses méthodes, son vocabulaire, son écriture, signes d'une grande pensée. Ne renonçant jamais à une distance critique, évoluant avec aisance dans les deux registres de la science et de la poésie, T. Castelão nous offre une introduction lumineuse et profonde à sa pensée, qui par petites touches se révèle une réinterprétation innovante et ouverte, à l'image de la pensée, toujours en mouvement par approximations successives, de son Maître.

Jean-Jacques Wunenburger
Ancien directeur du Centre Gaston Bachelard
de recherches sur l'imaginaire et la rationalité
Président de l'Association des Amis de Gaston Bachelard

Introduction

L'idée de réunir en un volume la totalité de mes articles en français sur l'épistémologie historico-scientifique de Gaston Bachelard est venue de mes collègues bachelardiens en Europe et au Brésil. Ceux-ci en effet ont pensé que ce projet serait important pour leurs étudiants. De leur côté mes collègues philosophes d'Amérique du nord ont souhaité que je témoigne de mes efforts sur plusieurs décennies pour faire connaître Gaston Bachelard dans les universités anglo-saxonnes.

Bachelard a écrit une douzaine de livres sur l'épistémologie de sciences telles que la physique et la chimie. Accéder à cet univers conceptuel implique de consacrer beaucoup de temps et d'énergie à un auteur qui n'est pas toujours facile à interpréter et dont l'écriture n'est pas exempte de contradictions. Je crois que mon livre peut faciliter la compréhension de son modèle, en évitant les répétitions si caractéristiques des textes de Bachelard. Les problèmes seront contextualisés et comparés à ceux de la philosophie des sciences d'aujourd'hui. Cela sera fait sans perte de perspective critique et en relevant aussi les faiblesses et les incomplétudes du modèle.

La perspective unique que j'offre dans mon livre est le résultat d'une formation multiculturelle et multidisciplinaire, tout d'abord au Portugal et en France, puis aux Etats Unis d'Amérique où j'ai fait un doctorat en histoire, philosophie, et sociologie des sciences et de la technologie. Je lis et j'intérprète Bachelard avec les "yeux" de la culture anglo-saxone mais avec une compréhension de base qui est celle de la culture et des problèmes philosophiques européens.

J'ai pu de la sorte mener une épistémologie comparative entre Bachelard et quelques-uns des auteurs connus en Amérique tels que Popper ou Kuhn, et montrer ainsi non seulement l'originalité profonde des études critiques bachelardiennes sur la science mais aussi la nécessité de les introduire directement dans les études philosophiques des sciences contemporaines.

Le livre sera divisé en trois parties, chacune de trois chapitres.

La première partie, "*Contextes et problèmes philosophiques et scientifiques*" aborde le sujet du milieu intellectuel et scientifique français des 19e et 20e siècles et de ses relations avec l'émergence du concept de 'phénoménotechnique' comme descriptif des relations entre les théories et les faits en science. Il aborde aussi le thème, si important pour Bachelard, des relations entre la pratique scientifique et la philosophie d'une nouvelle éducation scientifique qui doit en être le reflet.

La deuxième partie du livre, "*Un petit univers conceptuel*", tente de montrer le développement conceptuel de la phénoménotechnique, la similarité des usages que Bachelard pratique du concept de l'espace en science et en art, et aussi l'articulation qu'il fait des termes de la psychanalyse jungienne avec les complexités de l'esprit scientifique.

Enfin, les chapitres de la troisième partie, "*Bachelard et les critiques de la science*", constituent un groupe d'exercices en épistemologie comparée et montrent aussi l'impact de l'œuvre de Bachelard en Amérique du nord ainsi que les possiblités d'intégration de sa philosophie au centre des débats contemporains dans les études de la science.

Teresa Castelão

Première partie :

Contextes et problèmes philosophiques et scientifiques

Chapitre 1 : Gaston Bachelard et le milieu scientifique et intellectuel français[1]

L'orientation graduellement plus pragmatique des institutions scientifiques, la nouvelle image du monde donnée par la théorie de la relativité et par la physique quantique (des produits de l'esprit géométrique allemand par opposition à l'esprit de finesse français), les horizons intellectuels ouverts par le surréalisme et la psychanalyse (conséquence d'un retour au subjectivisme et à l'idéalisme), l'impact du darwinisme en biologie, *Les lois de la radiation* (1901) de Max Planck, les recherches de Marie Curie concernant les substances radioactives (1904), ce ne sont là que quelques-uns des événements qui ont incité les intellectuels européens à repenser les problèmes de la construction et de la validation de la pensée scientifique contemporaine au début du siècle. Ainsi vont paraître *La science et l'hypothèse* (1903) de Poincaré, *l'Expérience et poésie* (1905) de Dilthey, *La vie de la raison* (1905) de Santayana, *L'évolution créatrice* (1907) de Bergson, *L'orientation du rationalisme* (1912) de Brunschvicg, *La déduction relativiste* (1925) d'Emile Meyerson. Bachelard a synthétisé le dynamisme scientifique de cette époque dans les termes suivants :

« Nous fixerons très exactement l'ère du *nouvel esprit scientifique* en 1905, au moment où la relativité einsteinienne vient déformer des concepts primordiaux que l'on croyait à jamais immobiles. À partir de cette date, la raison multiplie ses objections, elle dissocie et réapparente les notions fondamentales, elle essaie les abstractions les plus audacieuses. Des pensées, dont une

---

[1] Paru dans Nouvel, Pascal (éd.) *Actualité et postérités de Gaston Bachelard*. P.U.F., Paris, 1997, pp. 101-115.

seule suffirait à illustrer un siècle, apparaissent en vingt-cinq ans, signes d'une maturité spirituelle étonnante. Telles sont la mécanique ondulatoire de Louis de Broglie, la physique d'Heisenberg, les mécaniques abstraites et bientôt sans doute les physiques abstraites qui ordonneront toutes les possibilités de l'expérience »[2].

La relativité et la physique quantique semblent avoir été les facteurs dominants responsables de nouvelles préoccupations épistémologiques concernant les relations entre la connaissance scientifique et la réalité phénoménale. En même temps, ces préoccupations sont de plus en plus éloignées des écoles du positivisme et de l'empirisme. La théorie de la relativité peut être vue comme une conséquence des géométries non euclidiennes créées par Gauss, Riemann, Lobatchevski et Bolyai dans les années 1878-1880. Dühring, Renouvier, Dodson (Lewis Carroll) et Frege ont vu dans ces géométries mêmes le produit de la « philosophie de la pluralité »[3]. Contrairement à Bachelard, ils les ont considérées comme inacceptables en raison de leurs caractéristiques anti-intuitives (inutilité pratique en dehors des mathématiques pures, et leur caractère anti kantien).

Les nouvelles géométries ont ainsi permis aux savants et aux philosophes de réaffirmer la dépendance de la connaissance à l'égard de l'axiomatique conventionnelle (Poincaré, Le Roy)[4]. Le temps, l'espace et la vélocité tels qu'ils avaient été définis par Kant, en accord avec la géométrie euclidienne et la mécanique newtonienne, ont dû être redéfinis.

---

[2] G.Bachelard, *La formation de l'esprit scientifique* (1938), J. Vrin, Paris, 1933, p.7.

[3] I. Toth, «La révolution non euclidienne», in *Recherche en histoire des sciences*, Editions du Seuil, Paris, 1983, p. 263.

[4] H. Poincaré, *La science et l'hypothèse* (1902), Flammarion, Paris, 1960, p.8 : « Un fait scientifique c'est seulement un fait traduit dans un langage confortable ».

Les découvertes d'Einstein ont par la suite donné un statut ontologique à ces géométries. En même temps, elles ont semblé rejeter le positivisme qui se présentait comme la seule philosophie possible de la pensée scientifique. Une nouvelle forme d'idéalisme était beaucoup plus proche des aspirations épistémologiques des nouvelles sciences que le réalisme traditionnel défendu par l'orthodoxie philosophique française. C'est là l'une des raisons qui ont mené Bachelard à accentuer l'importance du concept de discontinuité en tant que partie intégrante du nouveau glossaire épistémologique approprié aux sciences telles que la physique quantique et la relativité. De ce point de vue Bachelard et Le Roy sont beaucoup plus proches des problèmes philosophiques soulevés par ces nouvelles sciences que, par exemple, Duhem ou même Meyerson. Pour Bachelard, les nouvelles sciences représentent une structure de connaissance globalisante, à laquelle la physique classique appartient comme un cas particulier. Einstein disait que « la totalité de la science n'est rien de plus qu'un raffinement de la pensée quotidienne ».[5] Bachelard, au contraire, défendait l'idée d'une rupture entre la connaissance scientifique et la connaissance empirique, et pensait que les nouvelles sciences n'avaient rien de commun avec les descriptions classiques de la réalité physique. Il pensait que les nouveaux aspects méthodologiques, ontologiques et épistémologiques offerts par la science entraînaient le rejet des structures de pensée kantiennes liées à la physique classique. Les implications philosophiques qui peuvent être extraites de la relativité et de la physique quantique nous aident à comprendre trois choses : a) les difficultés que la science française, d'orientation pragmatique, a éprouvées à l'égard de ces implications ; b) l'impact des

[5] A. Einstein, « Physics and reality », in *Science and Ideas : Selected Readings*, Englewood Cliffs, New York-New York, 1964, p. 49.

nouvelles sciences dans le remodelage de l'histoire et de la philosophie des sciences, et les défauts liés à la dichotomie «historique» entre les spéculations des savants et celles des philosophes[6].

Bien que Dirac ait essayé de réconcilier la relativité avec la mécanique quantique à travers sa théorie de l'électron magnétique, la relation entre ces deux théories n'était pas facile à réaliser. Einstein, malgré son changement d'attitude à l'égard du positivisme de Mach, n'a jamais admis la discontinuité entre la physique classique et la relativité ni les implications scientifiques du concept de complémentarité de Bohr. Paradoxalement, ce sont les problèmes philosophiques soulevés par l'absence d'un déterminisme et d'une causalité absolus dans la théorie de Bohr qu'Einstein a critiqué, en dépit de sa contribution personnelle au développement de la théorie quantique[7].

Einstein soutenait que la relativité n'était pas étrangère à la pensée scientifique traditionnelle, parce qu'elle ne défiait pas le déterminisme. Avec la théorie quantique, en revanche, les choses étaient très différentes. L'observateur ne pouvait jamais prédire les liaisons causales exactes entre les phénomènes atomiques. En effet, la théorie prévoit « l'impossibilité d'une stricte séparation entre le comportement des objets atomiques et l'interaction avec les instruments de mesure servant à

---

[6] H. Reichenbach, « The philosophical significance of the theory of relativity », in *Albert Einstein : Philosopher-Scientist*, Open Court, Evanston-Illinois, 1949, p. 289.

[7] N. Bohr, « Discussion with Einstein », in *Albert Einstein : Philosopher-Scientist*, *op. cit.*, p. 204 : « Important progress in the development of quantum theory was made by Einstein himself in the famous article on radioactive equilibrium in 1917, when he showed that Planck's law for thermal radiation could be simply deduced from assumptions conforming with the basic ideas of the quantum theory of atomic constitution ».

définir les conditions selon lesquelles les phénomènes apparaissent ». Le concept bachelardien de «phénoménotechnique» essaie d'exprimer les implications métaphysiques de l'interdépendance entre ce qui est observé et les méthodes d'observation.

Les conséquences philosophiques des nouvelles sciences – le déclin du déterminisme et de la causalité absolus – n'ont pas été acceptées facilement par les chercheurs français. Le milieu culturel issu de l'école républicaine était beaucoup plus directement lié aux sciences appliquées et aux modes de penser traditionnels qu'aux tendances philosophiques et scientifiques venant du nord de l'Europe. Un des problèmes soulevés par l'acceptation de la relativité en France concernait la compatibilité entre la théorie einsteinienne et « l'esprit français ». Paul Langevin, par exemple, est un des savants qui a essayé de défendre la relativité, en disant qu'elle était appuyée par quelques-unes des conceptions scientifiques d'Henri Poincaré, et que les travaux d'Einstein coïncidaient avec ses propres recherches. Emile Meyerson l'a acceptée parce qu'il l'a interprétée comme étant en continuité avec la physique classique. Cette continuité sauvegardait pour un temps le déterminisme et la causalité. À l'inverse, une partie de l'avant-garde intellectuelle française, incluant des savants et des philosophes, a reçu avec enthousiasme les progrès de la physique théorique allemande. Les travaux épistémologiques de Bachelard appartiennent à ce genre de pensée, décidément en marge de la philosophie institutionnelle.

Le rationalisme, l'irrationalisme et l'épistémologie française

La France a toujours été un centre intellectuel pour la création des philosophies de la science. Traditionnellement, et jusqu'en 1930, il est possible d'identifier dans ces philosophies une double influence : l'esprit cartésien et l'influence des philosophies françaises du XVIIIe siècle. En 1931, Abel Rey soulignait que, même prenant en considération la nouveauté de la phénoménologie intuitive de Bergson, la tendance générale de la pensée philosophique française était dans un retour à l'aristotélisme, au cartésianisme et au kantisme. D'une certaine façon, cette affirmation était correcte. Ce «classicisme restauré» a eu une conséquence idéologique pour l'épistémologie officielle française : il a réduit la diversité des productions scientifiques à une unité mythique. Une autre conséquence, directement liée à la précédente, a été que l'histoire de la science apparaissait comme continue, produite par des structures mentales de type kantien, c'est-à-dire immuables.

L'influence de Bergson dans la culture française, par exemple, n'était pas aussi négligeable que le républicain Abel Rey le croyait. Rey a refusé d'admettre l'idée que la culture allemande était en train d'envahir la France «via Bergson». Mais le fait demeure que Bergson, ainsi que la philosophie, l'art, la littérature et la science allemands ont toujours été très présents dans la culture française. L'analyse des articles concernant la philosophie française dans *The Philosophical Review* entre 1900 et 1940 - l'année de la mort de Bergson - montre à quel point son influence a été prédominante pendant près d'un demi-siècle de culture française, tout spécialement à travers ses attaques contre la pensée positiviste et le dogmatisme scientifique de son époque. En 1900, la philosophie de

Bergson était reçue avec beaucoup d'attention, mais elle était aussi considérée comme discutable. Dans les années suivantes ses publications et son influence étaient toujours considérables. En 1928, se référant à l'état de la philosophie française, Abel Rey disait : « La philosophie française a changé sensiblement d'orientation dans les vingt dernières années. Il y a vingt ans, le criticisme pénétrant et éclairant de M. Bergson a fait trembler complètement les doctrines régnantes – le positivisme de Comte, Littré, Taine, Renan et Ribot, le néo-criticisme de Renouvier, Pillo, Brochard, Hamelin et la « critique philosophique », et le kantisme ou rationalisme éclectique de la plus grande partie de l'université française »[8].

La renaissance du positivisme à la fin du XIXe siècle, avec ses adhérents les plus remarquables – Cournot, Renouvier, Meyerson et Duhem en France, mais aussi Ernst Mach en Autriche et Ostwald en Allemagne -, a aussi influencé les différents styles intellectuels français. Un de ces effets a été la reconnaissance progressive de l'importance de l'histoire de la science dans les Académies françaises au XIXe siècle. Cette école voyait l'histoire comme la loi de l'esprit humain dans son développement historique. Comme nous l'avons déjà observé, bien que le positivisme officiel de la France soit pour une large mesure la philosophie formelle du républicanisme, les réactions contre la pensée positiviste ont été fréquentes. Elles provenaient de deux groupes philosophiques : d'un côté, l'idéalisme (qui incorporait l'irrationalisme germanique) et de l'autre, le néo-thomisme. Des réactions antipositivistes sont aussi venues des cercles littéraires. Selon Weber : « Déjà en 1886, quand *Le Figaro* publia le Manifeste de Jean Moreas, présentant la décadence comme résultant de l'idée que la

---

[8] A. Rey, « French philosophy in 1926 and 1927 », in *The Philosophical Review*, vol. 38, 1928, p. 527.

réalité était mieux comprise par l'intuition et mieux exprimée en (termes d') illusion, des poètes tels que Baudelaire, Verlaine et Rimbaud, des peintres tels que Puvis de Chavannes, Gustave Moreau et Odilon Redon, avaient (déjà) produit tous, ou presque tous, leurs travaux. Ces hommes opposaient aux théories du naturalisme, toutes objectives et scientifiques, un point de vue subjectif et poétique, dans lequel l'artiste jouait le rôle de magicien, approfondissant et exaltant l'importance de l'inconscient, que les savants français et allemands tels que Hartmann et Charcot étaient en train d'explorer »[9] .

Bergson a soutenu cette réaction contre le positivisme. Dans ses *Essais sur les données immédiates de la conscience* (1880), *L'évolution créatrice* (1907), *Les deux sources de la morale et de la religion* (1932), il s'est fait le défenseur de l'intuition contre les excès du rationalisme. Epistémologiquement, les idées de Bergson concernant « le temps » et « l'espace » ont été regardées par des savants tels que Louis de Broglie comme très bien adaptées aux conceptions de la physique quantique apparues quarante ans plus tard[10]. Il peut être aussi considéré comme le restaurateur de la métaphysique contre le positivisme et le mécanisme qui dominaient dans les années 1880, par ses efforts pour libérer les spéculations philosophiques de leur subordination aux méthodes scientifiques. Le retour au subjectivisme est clairement reconnu par Emile Bréhier dans *La transformation de la philosophie française* : « Avec la méditation du bergsonisme, c'est la manière dont on aborde les questions qui a changé : méfiance générale de

---

[9] E. Weber, *France: fin de siècle* (1986), Harvard University Press, Cambridge, Massachusetts.

[10] L. de Broglie, « Les conceptions de la physique contemporaine et les idées de Bergson sur le temps et sur le mouvement », in *Revue de métaphysique et de morale*, 1950, vol. 53, pp. 241-257.

la construction conceptuelle, de la discussion qui ne mette en jeu que la signification des mots, caractère provisoire et pratique de tout classement ; mais surtout le philosophe ne se donne pas comme une sorte de pur esprit, vivant dans une atmosphère purement intellectuelle ; le criticisme kantien avait dégagé, de la vie profonde et immense dans laquelle nous sommes plongés, une certaine relation sujet-objet, où l'on s'est habitué à voir une description exacte de la connaissance humaine »[11] .

Les cours de Bergson au Collège de France étaient extrêmement populaires, mais n'étaient pas regardés avec bienveillance par les néo-thomistes. Bergson fut placé à l'index catholique en juin 1914 après les attaques menées contre sa philosophie en 1913 par les philosophes tels que Jacques Maritain. Depuis la fin du XIXe siècle, le positivisme français était en concurrence – même au niveau éducatif – avec le thomisme, considéré comme « la philosophie officielle du catholicisme ». Dans ces tentatives pour s'adapter à la science de l'époque, le catholicisme français avait connu des développements philosophiques et métaphysiques considérables. Bergson était contre le thomisme en général et en faveur d'une adaptation de la métaphysique aux nouvelles sciences. Pour lui, ceci signifiait aussi un rejet des modèles mathématiques – qui étaient employés dans ce qu'il appelait « la science rigide ». Bergson était plutôt le partisan de modèles biologiques, psychologiques et sociologiques.

L'attitude de Bachelard sur les relations entre la philosophie et la science s'apparentait aux attitudes de Spencer et de Bergson : il pensait lui aussi que la philosophie devait être à la mesure des nouvelles exigences de la pensée scientifique. Et pourtant, au lieu

[11] E. Bréhier, *La transformation de la philosophie française*, Flammarion, Paris, 1950.

d'une « métaphysique positive » bergsonienne, Bachelard suivit Léon Brunschvicg qui défendait l'importance des mathématiques en tant que langage par excellence du «nouvel esprit scientifique». Tout ceci a déterminé une orientation particulière de la philosophie française entre 1900 et 1947, que l'on peut suivre dans *The Philosophical Review*.

C'est en 1906, six ans après le quantum d'action de Planck et une année après la théorie de la relativité restreinte, que Lalande y affirme qu'il y a «un nombre de plus en plus grand de travaux philosophiques réalisés par les savants professionnels». Poincaré, Hadamard, Duhem, Langevin, Brunschvicg et Meyerson font évidemment partie de ce groupe de savants avec des préoccupations d'ordre philosophique. *Identité et réalité* (1909) et *L'explication dans les sciences* (1921) de Meyerson étaient perçues comme des classiques en philosophie des sciences. En 1921 et dans les années qui suivent, Meyerson et Brunschvicg – et aussi Bergson – apparaissent dans tous les « scénarios » de la philosophie de la science. Il en est de même pour Duhem, Le Roy et, à partir de 1927, de Gaston Bachelard. Ceci est plus évident si nous concentrons l'attention sur la philosophie de la physique et de la chimie. *L'expérience humaine et la causalité physique* de Brunschvicg a paru en 1922 et a coïncidé avec la visite d'Einstein à Paris. Ce livre constitue une espèce de démarcation, dans la philosophie des sciences, entre les philosophies positivistes et néo-pragmatistes enseignées à la Sorbonne. La philosophie de Brunschvicg a été par ailleurs critiquée plus tard par Julien Benda comme la doctrine de la pensée scientifique en mobilité permanente[12]. En effet, les travaux de

[12] J. Benda, « De la mobilité de la pensée selon une philosophie contemporaine », in *Revue de métaphysique et de morale*, vol. 50, 1950, p. 161-202.

Brunschvicg étaient pénétrés par l'idée de la plasticité de la raison, dont il disait qu'elle était rendue évidente par la théorie de la relativité.

Deux attitudes opposées prévalaient donc, à l'intérieur de l'épistémologie française : d'une part l'approche traditionnelle de la pensée scientifique caractérisée par le continuisme de Meyerson et de Duhem et le conventionnalisme de Poincaré ; d'autre part la thèse discontinuiste, qui était représentée par Brunschvicg et par Bachelard.

Dans les *Principes généraux de la relativité* publiés en 1915, Einstein avait postulé que « la géométrie de l'espace-temps était non euclidienne »[13]. Pour les défenseurs du discontinuisme, ceci constituait une preuve du caractère non absolu des concepts scientifiques et signifiait aussi que la philosophie de la science devait user de nouvelles catégories épistémologiques, capables d'exprimer la structure du développement scientifique et de son histoire. Comme nous l'avons vu, la relativité fut reçue d'une manière différente par les tenants de la continuité.

Brunschvicg et Bachelard soutenaient que la nouvelle physique n'avait pas d'ancêtres, parce qu'elle enveloppait une représentation de la nature radicalement nouvelle (en rupture épistémologique avec le sens commun et avec la science classique, dira plus tard Bachelard), et que la science contemporaine exigeait une redéfinition des catégories philosophiques capables d'en exprimer la nature. Bachelard s'est engagé dans ce débat en 1928.

Entre 1928 et 1940, les livres épistémologiques de Bachelard ont systématiquement fait l'objet de comptes rendus dans *The Philosophical Review*. La production philosophique de Bachelard pendant cette période a été

---

[13] S. Mason, *A History of the Sciences*, *op. cit.*, p. 546.

extrêmement abondante. *L'Essai sur la connaissance approchée* (1928), *Le pluralisme cohérent de la chimie moderne* (1932), *Le nouvel esprit scientifique* (1938), *La philosophie du non* (1940), sont quelques-uns des livres que Bachelard a consacrés aux problèmes épistémologiques. Je n'inclus pas ici ses œuvres concernant la poésie, la rêverie, la critique littéraire, ou ses articles sur la métaphysique, l'art et la science. Il est cependant utile de noter que l'épistémologie ne couvre qu'une portion relativement petite des travaux de Bachelard. Bachelard était à ce point de vue représentatif de la tendance nouvelle de beaucoup d'intellectuels français, préoccupés par les relations entre la science et la littérature. Bachelard n'était pas seulement contemporain de la nouvelle physique. Il l'était aussi de la psychanalyse (freudienne et jungienne) et du surréalisme, dont il s'est inspiré pour forger une partie de son vocabulaire épistémologique (surrationalisme, psychanalyse de la connaissance scientifique, etc.).

L'intérêt de Bachelard pour la philosophie de la science ne paraît s'être interrompu qu'entre 1942 et 1948, quand il a développé les matériaux contenus dans *La psychanalyse du feu* (1938). Il n'est pas tout à fait erroné de dire que l'intérêt pour la science est davantage venu des savants écrivant sur les implications philosophiques de la science contemporaine que des philosophes spéculant sur ce qu'ils ne pouvaient entendre faute de culture scientifique. Un des objectifs de Bachelard était précisément d'offrir à la science la philosophie qu'elle méritait. Selon lui, les philosophes devaient aller à l'école des savants, pour voir comment la science moderne se constitue. Le travail de l'esprit scientifique moderne manifeste une dialectique entre le rationalisme et l'empirisme : position de compromis toujours présente dans l'épistémologie de Bachelard.

Les événements politiques et sociaux survenus sous la IIIe République aident à comprendre l'épistémologie historique de Bachelard, à condition de la considérer comme une réaction intellectuelle contre le *statu quo* des institutions françaises, profondément associées au scientisme et au positivisme. Pour Bachelard, ces philosophies n'étaient pas suffisamment sensibles pour détecter des ruptures épistémologiques ayant lieu dans les sciences théoriques mûres. Pire, elles étaient totalement inadéquates pour décrire le développement discontinu, dialectique et historique de la connaissance scientifique. Bachelard montre maintes fois son dégoût pour ce qu'il appelle l'étrange politique éducative mise en œuvre par le gouvernement de la IIIe République. Ce système lui paraissait beaucoup plus préoccupé de transmettre des modes d'explication scientifique traditionnels que de sensibiliser les jeunes esprits à l'anti-dogmatisme des sciences modernes.

En dépit de son intérêt pour les aspects psychologiques et phénoménologiques plutôt que logiques de la construction de la connaissance scientifique, Bachelard était très proche de l'école allemande de logique quantique, créée entre 1925 et 1927. Une des préoccupations de cette école était d'établir « La réconciliation (...) entre les difficultés logiques de la théorie quantique et l'explication de ses conséquences au niveau de la théorie de la connaissance »[14].

[14] C. Chevalley, « De Bohr à Von Neumann à Kant : l'école allemande de logique quantique », in *L'âge de la science : lectures philosophiques*, Odile Jacob, Paris, 1989, p. 153: « Leur originalité (de l'école allemande) la plus évidente est de réconcilier l'exposé rigoureux des difficultés logiques de la théorie quantique avec l'explication des conséquences de ces doctrines sur le plan de la théorie de la connaissance. Cette manière de procéder ouvre pour la

Les réflexions de Bachelard sur la nouveauté épistémologique des sciences physiques après 1905 ont déterminé son opposition aux philosophies d'Emile Meyerson et André Lalande, en d'autres termes, à la philosophie institutionnalisée. En cela, il était aux côtés d'Hamelin, Henri Bergson et Brunschvicg. En dépit de l'extraordinaire valeur que Bachelard attribuait à la culture française, il pensait, tout comme l'avant-garde intellectuelle, que les institutions devaient s'adapter aux changements constants de la culture et de la science. L'accent mis par Bachelard sur la subjectivité, son insistance à élaborer une psychanalyse des intérêts scientifiques[15], sa manière de marquer l'importance de l'histoire de la science en tant qu'illustration du progrès de la raison, et sur la cité scientifique en tant que lieu de la production rationnelle et technique des objets scientifiques, sont associés étroitement au contexte culturel franco-allemand.

Il est beaucoup plus difficile de spécifier les relations de la pensée de Bachelard avec les querelles scientifico-philosophiques de son époque. Comme nous l'avons vu, Bachelard reconnaissait le rôle de l'axiomatique en science, les nouvelles méthodologies scientifiques demandées par la relativité et la physique quantique, et leurs implications pour la philosophie de la science. Tout comme Duhem, Poincaré, Meyerson et Brunschvicg, la formation de Bachelard s'est accomplie dans le milieu scientifique français. Mais, à l'exception des colloques avec les physiciens, il n'a jamais établi

logique allemande la possibilité d'une discussion de ses fondements et de sa signification philosophique. »

[15] Curieusement, Bachelard a été aussi influencé par la psychanalyse du brésilien Pinheiro dos Santos, particulièrement ses travaux sur la rythmanalyse.

aucun contact documentaire direct avec des physiciens théoriques de son temps.

Bachelard ne semble pas avoir été totalement conscient de l'incompatibilité fondamentale entre la théorie quantique et la théorie de la relativité[16]. Au contraire, il les a classées toutes deux comme illustrations concrètes d'une discontinuité radicale entre le sens commun et les sciences classiques et contemporaines. Bachelard n'a pas envisagé par exemple que sa «phénoménotechnique» puisse avoir davantage à faire avec l'interférence du sujet et des instruments de mesure dans l'observation scientifique au niveau des particules élémentaires (thèse défendue par Bohr) qu'avec le caractère absolu des lois de la nature indépendamment des cadres de référence (thèse défendue par Einstein). Cependant, la classification de Bachelard est épistémologiquement exacte si nous prenons en considération qu'il soutenait que chaque système de pensée représente une intentionnalité différente.

Dans le langage de Bachelard, il est impossible d'atteindre les possibilités créatives ouvertes par les concepts de la relativité sans passer par la mécanique newtonienne. Les géométries non euclidiennes ne contredisent pas la géométrie euclidienne, elles permettent plutôt la « totalisation » temporaire de la pensée de la science physique. Le concept de totalisation devrait ainsi avoir plus de pertinence que celui de « rupture épistémologique ».

Bachelard a vraiment été le premier philosophe français à systématiser une épistémologie qui suivrait de près le progrès de la physique théorique. Certes, la

---

[16] Cf. M. Sachs, *Einstein versus Bohr: The Continuing Controversies in Physics*, Open Court, Evanston-Illinois, 1988, p. 237-238. L'auteur démontre l'opposition logique entre les concepts de la physique quantique et ceux de la théorie de la relativité.

reconnaissance de la nécessité de l'histoire des sciences pour l'épistémologie s'est d'abord exprimée chez Duhem et Meyerson. Bachelard, cependant, a été le premier à considérer l'histoire de la science en tant qu'histoire du développement d'un système de pensée radicalement séparé.

Pour Bachelard, l'histoire de la science est l'histoire de la formation et de la déformation des concepts scientifiques. L'histoire de la science est l'histoire du progrès de la pensée scientifique à travers la création de multiples systèmes discontinus d'approximation de la réalité, tous représentant une petite portion de ce qui est rationnellement possible. La science crée son propre discours, et la technologie scientifique crée ses propres objets, en franche opposition à la nature. À travers la catégorie de « phénoménotechnique », Bachelard affirme souvent le rôle fondamental des instruments dans la création de la connaissance scientifique. Dès son *Essai sur la connaissance approchée* (1928), il constatait que l'étude scientifique de la réalité physique était techniquement organisée. La technologie scientifique crée des objets scientifiques, et les instruments sont des théories matérialisées. Ceci implique une dialectique que seule la philosophie du rationalisme appliqué est capable de décrire et d'expliquer. D'ailleurs, les normes de la construction de la science et de la technologie sont établies à travers le consensus social à l'intérieur de la cité scientifique. L'aspect humain de la culture scientifique est ainsi incorporé dans la phénoménotechnique. C'est en ce sens que les travaux de Gaston Bachelard ont une grande valeur pour l'histoire et la sociologie de la science, et tout particulièrement pour la philosophie de la technologie.

À la différence de ceux qui sont influencés par la tradition épistémologique anglo-saxonne – préoccupée par les principes logiques des sciences – Bachelard a plutôt été attentif à l'esprit scientifique et à ce qu'il a appelé le développement historique et psychologique de la connaissance scientifique.

En ce qui concerne la sociologie de la science, les travaux de Bachelard acquièrent aujourd'hui une importance cruciale par les catégories d'« objectivité sociale », d'« agrément tacite », ou encore de « phénoménotechnique », etc. On ne peut nier que les catégories ont été récupérées par la sociologie de la science, ou plus précisément par la thèse de la construction sociale de la science (Shapin et Shaffer, Pickering, Woolgar, Latour, etc.).

Il y a de l'ambiguïté dans les explications de Bachelard en ce qui concerne les modes selon lesquels la science est produite à l'intérieur de la cité scientifique. Le vocabulaire qu'il utilise a un caractère indéniablement sociologique. Quoique négligeant des aspects importants, tels que l'effet de la société sur les productions scientifiques, les catégories auxquelles nous avons fait allusion devraient être considérées comme des outils analytiques sophistiqués, même pour les études de la science et de la technologie.

Cependant, pour Bachelard, il y a une limite au déterminisme social dans la science. Ces catégories introduisent un facteur de rationalité qui empêche la science d'être un simple résultat de négociation entre les acteurs s'efforçant d'obtenir une reconnaissance sociale. Les attitudes de Bachelard sur le rôle normatif attribué à la cité scientifique - la « surveillance intellectuelle de soi » - aussi bien que la notion que l'objectivité scientifique du consensus rationnel et social, confirment l'importance de sa philosophie scientifique en tant que partie nécessaire des études interdisciplinaires sur la science et la technologie dans la dernière décennie du XXe siècle.

Chapitre 2 :
La phénoménotechnique dans sa perspective historique : ses origines et ses influences sur la philosophie des sciences [17]

Les travaux épistémologiques de Gaston Bachelard (1884-1962), écrits et publiés entre 1928 et 1953, essaient de rendre les philosophes de la science conscients de la structure discontinue de l'évolution de la science et de la dynamique de l'esprit scientifique. Bachelard a souvent soutenu que les progrès historiques et techniques des sciences physiques montrent que les caractéristiques purement descriptives et classificatoires de la science du passé sont tôt ou tard remplacées par des modèles épistémiques qui reposent principalement sur la capacité du scientifique à élaborer techniquement les objets d'enquête scientifique. Les relations observées par Bachelard entre les sciences, les théories, l'expérimentation et la technologie scientifique le conduisirent à introduire le concept philosophique de «phénoménotechnique». Ce concept reflète le caractère social, construit, historiquement contingent de la connaissance scientifique comme des entités scientifiques. En élargissant son concept, Bachelard affirme que les instruments sont des théories matérialisées. Tout comme les mathématiques, les instruments sont des produits de la technique. Mais, d'un autre côté, la technique est l'expression rationnelle de la vision du monde du scientifique, tandis que la connaissance scientifique devient techniquement objective dans l'instrumentation scientifique. Les constructivistes sociaux, avec d'autres,

---

[17] Paru dans *Philosophy of Science*, 62 (1995), p. 44-59; paru pour la seconde fois dans *Cahiers Gaston Bachelard*, 7 (2005), p. 106-124, trad. Bertrand Nicquevert.

soutiennent que la phénoménotechnique alimente leurs affirmations concernant la nature théorique des énoncés et des entités scientifiques. Pour Bachelard, cependant, les présuppositions derrière le concept préservent l'essence rationnelle de la pensée scientifique, tout en conservant dans la société la place privilégiée de la science que les constructivistes rejettent si fermement.

La phénoménotechnique est l'un des concepts potentiellement les plus riches que Bachelard ait eu à offrir à la philosophie des sciences contemporaines, et aux études de la science en général. L'objet principal de cet article est de proposer un panorama de l'histoire et des influences de la phénoménotechnique sur les études de la science. Je débuterai avec une brève description du contexte scientifique en France, et plus généralement en Europe, dans la première moitié du XXe siècle, qui conduisit Bachelard à créer une nouvelle épistémologie de la physique. Puis j'expliquerai de quelle manière la phénoménotechnique peut être incorporée dans les études de la science contemporaine.

Le contexte scientifique français de la première moitié du XXe siècle

Beaucoup d'événements se déroulèrent en France à la fin du XIXe et au cours de la première moitié du XXe siècle : l'établissement d'un programme d'éducation républicain ; l'orientation pragmatique croissante des institutions scientifiques ; les nouveaux paradigmes scientifiques impliqués par la relativité et par la physique quantique ; et les horizons intellectuels dégagés par l'anti-scientisme, l'irrationalisme, la phénoménologie et la psychanalyse. Bachelard a résumé ce dynamisme dans les sciences : « Nous fixerons très exactement l'ère du nouvel esprit scientifique en 1905, au moment où la Relativité einsteinienne vient déformer des concepts primordiaux que l'on croyait à jamais immobiles. À partir de cette date, la raison multiplie ses objections, elle dissocie et réapparente les notions fondamentales, elle essaie les abstractions les plus audacieuses. Des pensées, dont une seule suffirait à illustrer un siècle, apparaissent en vingt-cinq ans, signes d'une maturité spirituelle étonnante. Telles sont la mécanique quantique, la mécanique ondulatoire de Louis de Broglie, la physique des matrices de Heisenberg, la mécanique de Dirac, les mécaniques abstraites et bientôt sans doute les physiques abstraites qui ordonnent toutes les possibilités de l'expérience »[18] .

Il ne fait aucun doute que les indéterminations que les découvertes scientifiques suggéraient, prouvaient la nécessité d'attitudes métaphysiques nouvelles en philosophie des sciences. Elles impliquaient également une réévaluation des modèles traditionnels de l'explication scientifique et du changement scientifique, qui reposaient fortement sur les « certitudes laplaciennes ». L'attitude scientifique qui prévalait à l'égard de la science résultait en partie de l'influence de l'approche positiviste soutenue depuis les années 1870 par les philosophes comme E. Mach, qui avait critiqué le « temps et l'espace absolus newtoniens comme des concepts métaphysiques sans fondement »[19]. En sciences physiques, la relativité et la théorique quantique semblaient être les facteurs dominants à l'origine des préoccupations épistémologiques nouvelles concernant le caractère de la connaissance scientifique et de ses connexions avec la réalité physique. Les conclusions paradoxales issues de ces préoccupations

---

[18] Bachelard, G., *La formation de l'esprit scientifique: contribution à une psychanalyse de la connaissance scientifique*, 1938, Paris, J. Vrin, p.7.

[19] Miller, A.I. *Frontiers of Physics: 1900-1911*, 1986, Boston, Birkhauser, p. 378.

incitèrent les scientifiques et, parallèlement les philosophes, à choisir entre la version classique des concepts comme le déterminisme et l'objectivité, qui permettaient la prédictibilité, et la nature indéterministe, probabiliste, de la connaissance scientifique.

La causalité newtonienne stricte déclare que, « si je vous donne la position et la vitesse exactes d'une particule à un instant donné, et si vous connaissez toutes les forces qui s'exercent sur elle, vous pourrez prévoir, grâce aux lois de Newton, la position et la vitesse exactes de cette particule à un instant ultérieur »[20]. La notion que ce principe de causalité suppose est la condition de la possibilité d'une coïncidence entre la connaissance scientifique et la réalité qui était encore défendue dans les années 1920 par les scientifiques comme M. Planck et M. Schlick[21]. Cependant, dès 1900, Planck remit en cause sans le savoir le déterminisme causal des travaux sur le rayonnement du corps noir, quand il émit l'hypothèse que « l'action physique a une structure discontinue »[22].

Bien qu'on trouve dans le triomphe de la science du XXe siècle des exceptions au principe d'une causalité stricte défendue par les physiciens classiques, il se pourrait bien que ce soit la créativité illustrée par les mathématiques du XIXe siècle qui ait planté le décor de ce qui, ultérieurement, serait considéré comme une révolution en physique. De fait, la relativité, tout comme la théorie quantique, sont dans une large mesure les suites naturelles et applicables des géométries inventées par Gauss, Riemann, Lobatchevski et Bolyai au cours des années 1870-1880. Frege et Renouvier, parmi d'autres, ont vu en

[20] Pais, A. '*Subtle is the Lord'...: The Science and the Life of Albert Einstein*, 1982, Oxford, Oxford University Press, p. 15.
[21] Kojève, A. *L'idée de déterminisme dans la physique classique et dans la physique moderne*, 1990, Paris, Livres de Poche, p.43-44.
[22] *Ibid.*, p. 138.

ces géométries inhabituelles le produit d'une philosophie de la pluralité [23]; et ces géométries étaient irrecevables pour plusieurs raisons : leur caractère anti-intuitif, l'impossibilité apparente d'accepter deux systèmes de propositions opposés comme étant simultanément vraies, et leur absence d'utilité scientifique en dehors du domaine des mathématiques pures. Remettre en question les fondements des mathématiques traditionnelles et accepter les axiomes différents exigés par les nouvelles géométries signifiait accepter non seulement que la connaissance n'est qu'une approximation contre-intuitive de la réalité, mais aussi que la nature de cette approximation soit historiquement contingente, et pas uniquement épistémologiquement. Rejeter une vision unitaire de la science signifiait également accepter ce que J. Benda a appelé, en référence à la philosophie de la science de Bergson, Brunschvicg, Bachelard et d'autres, la doctrine d'une mobilité permanente des conclusions et de la pensée scientifiques[24].

Le rejet des structures mentales kantiennes absolues impliquait alors que ni la rationalité, ni la connaissance scientifique ne pouvaient être considérées en termes absolus. La géométrie euclidienne est devenue la géométrie de la vie quotidienne, que l'on peut saisir de manière intuitive, mais qui ne suffisait clairement pas en tant que système axiomatique idéal pour traiter la compréhension de la réalité au niveau microscopique nouvellement observé. Les nouvelles découvertes dans le domaine de la physique théorique conférèrent un statut

---

[23] Toth, I., « La révolution non-euclidienne », in Thuillier et al. (eds.), *La recherche en histoire des sciences*, 1983, Paris, éditions du Seuil, p. 241-264.

[24] Benda, J. *De quelques constantes de l'esprit humain : critique du mobilisme contemporain, Bergson, Brunschvicg, Boutroux, Le Roy, Bachelard, Rougier*, 1950, Paris, Gallimard.

ontologique aux géométries non euclidiennes, et semblèrent mettre en cause la philosophie de la science représentée par le positivisme de Comte et de Mach. La capacité d'abstraction accrue exigée par la nouvelle physique avait déjà été signalée par Planck[25]. Mais le décalage dans les attitudes philosophiques à l'égard de la science n'était pas uniquement la conséquence des niveaux d'abstractions nouvellement fournis par les mathématiques ; il correspondait aussi à l'introduction d'une technique scientifique capable de produire à la fois les effets et les entités postulées par la physique théorique. Ce sont les interdépendances entre ces deux facteurs qui incitèrent Bachelard à créer, entre autres, le concept de phénoménotechnique.

Le besoin d'une reconstruction conceptuelle de la science et de l'épistémologie trouvait ses origines au tournant du XXe siècle, alors que « les théories impliquant les particules et le changement discontinu apparurent dans de nombreux domaines qui étaient jusque là dominés par la conception de la continuité de la matière et du changement »[26]. Bien que les philosophes influents comme H. Bergson aient tenté de préserver le continuisme dans les sciences physiques et biologiques, certains comme Bachelard insistèrent plutôt sur l'importance du concept de discontinuisme comme participant de l'épistémologie des sciences nouvelles comme la physique quantique, établissant ainsi les relations avec leur caractère anti-intuitif, construit et paradoxal. Tandis que le philosophe E. Meyerson soutenait avec Einstein que la relativité était dans la continuité de la mécanique newtonienne, les nouvelles sciences représentaient pour Bachelard une rupture avec la structure de la connaissance

---

[25] Planck, M., A *Survey of Physical Theory*, 1960, New York, Dover.
[26] Mason, S., *Main Currents of Scientific Thought: A History of the Sciences*, 1962, New York, Collier Books, p. 549.

à laquelle appartenait la physique classique. Pour lui, le newtonisme constituait simplement un cas particulier au sein de systèmes de pensée explicatifs de cohérence équivalente.

L'impact de la relativité et des théories quantiques en France et en Allemagne

En 1905, les *Annalen der Physik* publient l'article d'Einstein « On the Electrodynamics of Moving Bodies », et désormais les quanta de lumière avaient fait leur apparition dans la théorie de la physique[27]. Bien que Bachelard ait reconnu que 1905 constitue une date marquante de la philosophie des sciences, la communauté française fut loin d'accepter immédiatement la relativité et la théorie quantique. Ni la relativité restreinte, ni la théorie quantique - qui étaient dans l'air depuis les travaux de Planck sur le rayonnement du corps noir en 1900 et, dans le cas de la relativité, depuis l'article de Poincaré « Sur la dynamique de l'électron »[28]- ne furent considérées par la communauté scientifique comme des théories susceptibles d'ouvrir une ère nouvelle pour la physique[29]. En fait, la délimitation entre les vues de Lorentz et celles d'Einstein n'entrèrent dans l'arène scientifique qu'après l'analyse fondatrice d'un corps rigide menée par Ehrenfest[30].

Dans le cas de la relativité restreinte, Lorentz et Poincaré « reconnurent difficilement qu'elle était plus une nouvelle théorie de principe cinématique qu'une théorie dynamique constructive »[31]. En dépit de l'attitude positive

---

[27] Jungnickel C. et R. McCormmach, *Intellectual Mastery of Nature: Theoretical Physics from Ohm to Einstein*, 1986, vol. 2, Cambridge, Ma, MIT Press, p. 183.
[28] *Ibid.*, Miller, 1986, p. 30.
[29] *Ibid.*, Pais, 1982, p. 27.
[30] *Ibid.*, Miller, 1986, p. 238.
[31] *Ibid.*, Pais, 1982, p. 28.

à l'égard de la relativité qu'adoptèrent des scientifiques de premier plan comme Planck, la théorie restreinte ne fut « à peu près communément acceptée en Allemagne » qu'à partir de 1910 ou 1911[32]. Ce n'est qu'après 1919 qu'Einstein devint célèbre en dehors des pays germanophones[33]. Cette popularité peut être expliquée par l'intérêt des scientifiques anglais pour le phénomène de la lumière. D'après Pais, cet intérêt « était apparu peu après que de Sitter, en Hollande, eut envoyé des copies des articles d'Einstein sur la relativité générale à Arthur Eddington, à Cambridge (ce furent probablement les premiers articles sur cette théorie qui parvinrent en Angleterre) »[34]. La vérification expérimentale par Eddington de la déflection de la lumière prédite par Einstein (grâce à une expédition envoyée dans l'île portugaise de Príncipe et ailleurs) montra que la loi de la gravitation d'Einstein était à prendre au sérieux. Pourtant, dans des pays comme la France, les universitaires eurent des difficultés à accepter les implications philosophiques des nouvelles sciences, en particulier le déclin de la causalité stricte. Jusqu'en 1922, les cercles philosophiques français étaient encore perturbés par ces implications de la relativité, comme on peut le constater dans des travaux comme ceux de Bergson. Poincaré, à l'opposé, n'accepta jamais la formulation d'Einstein. Bergson, Brunschvicg et Bachelard furent peut-être les seuls philosophes des sciences français à admettre que la relativité impliquait une redéfinition du sens de l'objectivité scientifique de Comte, puis de Mach. La position de Bachelard à l'égard de certaines des implications philosophiques de la relativité coïncidait avec la démarcation ultérieure entre le

---

32 *Ibid.*, Jungnickel et McCormmach, 1986, p. 248.
33 *Ibid.*, Pais, 1982, p. 304.
34 *Ibid.*, Pais, 1982, p. 300.

positivisme de Mach et le type de réalisme scientifique d'Einstein.

Le scepticisme de la communauté scientifique française, en particulier avant 1916, était en partie politique et culturel. L'un des problèmes était la nationalité allemande d'Einstein, et les polémiques concernant la compatibilité entre la théorie d'Einstein et le style français de faire la science. P. Langevin fut l'un des rares scientifiques à se prononcer dès le début en faveur de la relativité, affirmant qu'« elle s'appuie sur les idées d'Henri Poincaré »[35]. L'enthousiasme de Langevin pour la convergence entre la théorie d'Einstein et ses propres recherches l'incitèrent à exposer les principes de la relativité restreinte dans son cours au Collège de France dès 1906. Cependant, entre 1919 et 1921, et cela malgré le succès considérable d'Einstein dans les autres pays, l'Académie française des sciences était toujours divisée entre les partisans de la valeur scientifique de la relativité et ceux qui préféraient penser que « les principales lois de la science ont (déjà) été découvertes »[36].

L'attitude négative envers la science allemande de la part de la plupart des universitaires français a fait qu'*a contrario* les plus importants des scientifiques-philosophes s'y sont intéressés. P. Duhem, par exemple, considérait la relativité comme une discontinuité inacceptable avec les anciennes catégories newtoniennes de temps et d'espace absolus[37]. D'autres philosophes des sciences, tels que

---

[35] Biezunski J., « Einstein à Paris » in Thuiller et al. (eds.), *La recherche en histoire des sciences*, Paris, ed. du Seuil, p. 274.

[36] *Ibid.*, Biezunski, 1982, 272.

[37] Duhem était un propagandiste anti-allemand. Dans *La science allemande* (1915), il accuse les scientifiques allemands d'être obsédés par le détail, et de n'afficher aucun souci pour les dommages créés dans les sciences physiques par l'usage disproportionné des modèles mathématiques. Enfin, le désintérêt pour le sens commun apparaît à

Meyerson, acceptèrent la relativité, mais seulement à la condition de la considérer dans la continuité de la science newtonienne, c'est-à-dire en perpétuant les catégories causales et déterministes de Newton. L'influence considérable de ces philosophes des sciences sur les modèles français de changement scientifique rendait quasiment inaudibles les suggestions faites par Brunschvicg, puis plus tard par Bachelard, sur le fait que la relativité et la théorie quantique constituaient une rupture épistémologique avec les anciens modes de la pensée scientifique.

Bachelard et la théorie quantique

Les nouveautés scientifiques et philosophiques apportées par la théorie quantique n'ont aucun précédent historique évident. S'il était encore raisonnable d'affirmer avec Einstein et Bohr que la relativité ne menaçait pas le déterminisme, il n'était pas de même en ce qui concerne la théorie quantique. De fait, le principe d'incertitude de Heisenberg, l'aspect le plus représentatif de la méthodologie de la théorie quantique, donnait « la limitation précise aux mesures à l'échelle atomique »[38]. À ce niveau d'observation scientifique, il n'était plus possible de parler en termes de causalité stricte, il fallait lui substituer la probabilité d'avènement de l'occurrence observée. Selon cette approche, l'observateur ne peut jamais faire des prédictions exactes ou découvrir de chaines causales exactes entre les phénomènes atomiques, à cause de « l'impossibilité de toute séparation nette entre le comportement des objets atomiques et leur interaction avec les instruments de mesure servant à définir les

---

Duhem comme le signe accusateur principal de la tendance des Allemands au scepticisme et à l'idéalisme.

[38] Bernstein, J., *Einstein*, 1973, New York, The Viking Press, p, 193.

conditions sous lesquelles le phénomène se manifeste »[39]. Reconnaître qu'au niveau des expériences atomiques l'appareillage interagit avec, et donc modifie l'objet de l'observation, conduit à des questions sur l'objectivité de l'expérience scientifique. Indéniablement, l'introduction du quantum d'incertitude entraîne une redéfinition des concepts philosophiques plus anciens portant sur la science. Elle a mis en question la séparation entre instrument de mesure et objets mesurés. Et surtout, elle a remis en cause la séparation cartésienne entre le sujet et l'objet, c'est-à-dire « le contenu de notre conscience et l'arrière-plan vaguement appelé « nous-mêmes »[40] . Comme l'a affirmé Bohr, « la richesse de la vie consciente exige (…) que soit placée différemment la séparation entre sujet et objet »[41].

L'une des sources d'inspiration du concept de phénoménotechnique pour Bachelard réside dans les découvertes suscitées par la théorie quantique et dans les conséquences épistémologiques qu'y voient les sciences. La phénoménotechnique nous avertit de l'importance de l'inextricabilité de la relation scientifique théorie-vers-vérification dans le contexte de l'expérimentation, du pouvoir de la technologie, et de reconnaître qu'un « objet scientifique » est en opposition radicale avec les objets de l'expérience quotidienne, et du caractère socialement construit des nouvelles sciences.

L'affirmation de Bachelard selon laquelle les instruments scientifiques sont des théories réifiées est

---

[39]Bohr, N., « Discussion with Einstein on Epistemological Problems in Atomic Physics », in P.A. Schilpp (ed.), *Albert Einstein : Philosopher-Scientist*, (1949), Evanston, Illinois : The Library of Living Philosophers, p. 207.
[40] Bohr, N., « The Unity of Human Knowledge », in *Essays 1958-1962 on Atomic Physics and Human Knowledge*, 1960, New York, Interscience Publishers, p. 12.
[41] *Ibid.*, Bohr, 1960, p. 13.

également fondamentale, car il soutenait que, parfois, faire la distinction entre ce qui est strictement théorique, comme un modèle mathématique, et ce qui est un instrument scientifique, est sans intérêt. Pour lui, les deux étaient des extensions de l'esprit scientifique.

Il est évident que la position de Bachelard s'oppose radicalement au courant principal de la philosophie des sciences de cette époque, qui plaidait pour l'indépendance entre théorie et expérimentation. L'épistémologie de Bachelard diffère tout à la fois du positivisme du Cercle de Vienne et du post-positivisme de Karl Popper. Bachelard ne distingue pas la théorie de l'épreuve de la théorie, et affirme plutôt que l'interférence entre l'observateur et l'observé doit être prise en compte dans le processus de l'explication scientifique. C'est cette interférence qu'illustre, en épistémologie, son concept de phénoménotechnique.

La phénoménotechnique est directement issue des notions scientifiques incluses dans la théorie quantique, ainsi que des affirmations philosophiques avancées par les tenants de l'interprétation de Copenhague de la théorie quantique, qui était le point de vue officiel sur la mécanique quantique parmi les physiciens professionnels[42]. On peut voir une similarité frappante entre le point de vue de Copenhague sur la réalité, selon lequel « on ne peut pas dire qu'un atome ou un électron ou quoi que se soit 'existe'en tant que tel selon une acception de bon sens sur le mot » [43] et certaines affirmations de Bachelard concernant le caractère social au XXe siècle de certaines des nouvelles entités créées par la physique. C'est un processus identique qui est en œuvre avec le

---

[42] Davies, P.C.W. and J.R. Brown, *The Ghost in the Atom: A Discussion of the Mysteries of Quantum Physics*, 1986, New York, Cambridge University Press, p. 26.
[43] *Ibid.,* Davies and Brown, 1986, p. 24.

concept bachelardien de « matérialisme technique » qui exprime la réification des objets scientifiques à travers l'usage de la science.

La phénoménotechnique dans les travaux épistémologiques de Bachelard

Le concept de phénoménotechnique est apparu pour la première fois dans un court article de 1931. À cette époque, il était conçu pour illustrer le pouvoir inductif, c'est-à-dire créatif, de la physique mathématique, ainsi que quelques-unes des implications méthodologiques et épistémologiques de la microphysique. Le souci de Bachelard pour la méthodologie se transforma progressivement en un intérêt pour l'analyse des entités scientifiques, telles celles produites avec les instruments de la physique théorique. Le défi que représentent ces objets par leur caractère contre-intuitif était semblable à celui que lançait l'application des géométries non-euclidiennes à la relativité. Bachelard réalisa que certaines des affirmations qu'il avait formulées à propos de la théorie de la relativité, à savoir qu'elle représente une rupture avec les catégories du sens commun et de la physique classique, pouvaient être étendues à des entités comme le spin du proton et de l'électron. À partir de 1940, la phénoménotechnique devint un concept plus englobant qui intégra les entités microphysiques créées au laboratoire. Bachelard soutenait ainsi que l'activité scientifique comprend la fabrication et l'invention, et que les phénomènes sont provoqués par les techniques instrumentales. Il utilisait ainsi la phénoménotechnique en connexion avec la technoscience, et son pouvoir de valider des théories scientifiques. En physique comme en chimie, on n'a plus affaire à la nature naturelle, mais à des produits de la technique.

Les mathématiques sont une technique, mais les instruments sont aussi des incorporations de technique. L'étude de la réalité devient techniquement organisée. Le fait que les mathématiques soient d'avantage théoriques qu'instrumentales n'est d'aucune importance, il n'y a pas de sens « à distinguer radicalement l'esprit scientifique instruit par les mathématiques et l'esprit scientifique instruit par l'expérience physique »[44]. Dès l'instant que les instruments sont des théories matérialisées, il n'existe de différenciation qualitative entre les produits de la physique ou de la chimie mathématique et les produits de la technoscience. Ainsi établi, le réalisme technique permet à Bachelard d'affirmer que l'utilisation de la technique en science est la pierre de touche de l'objectivité en science. En outre, l'objectivation technique est en rapport avec les conditions de précision de plus en plus parfaites en instrumentation, tout autant que la tentative de différencier l'univers du sujet comme observateur de celui du scientifique comme constructeur. Affirmer que les sciences élaborent leurs propres objets, et que ces objets perdent leur signification à moins qu'ils prennent place dans un système théorique, cette affirmation révèle une réflexion sur les caractéristiques de l'expérimentation, et sur les relations entre les théories et la technique scientifique.

Quand la phénoménotechnique atteint son développement conceptuel complet, l'on réalise que les propositions derrière le concept de phénoménotechnique sont restées constamment présentes dans les écrits épistémologiques de Bachelard, y compris ceux qui ont précédé l'apparition du terme. Apparemment, Bachelard recherchait un concept qui rendrait pleinement compte des propriétés constructivistes de la science. Le concept inclut

---

[44] Bachelard, G., *Le nouvel esprit scientifique*, 1934, Paris, Alcan, p. 133.

également la notion selon laquelle les règles d'objectivité et de jugement valides impliquent que l'activité normative et de la censure soient établies au sein de la « cité scientifique ». La connaissance scientifique devient contingente à la fois par rapport aux conditions instrumentales et aux circonstances de la culture scientifique à un stade particulier de son développement progressif. Car dans la vision bachelardienne de l'évolution scientifique, la connaissance ne peut être séparée de la technique, le développement des conditions technologiques est la base même du développement de la science. La fabrication de substances artificielles en chimie organique, par exemple, est créditée comme une preuve du caractère phénoménotechnique de la science contemporaine. La technique devient fondamentale tout autant pour la construction de la réalité scientifique que pour la rectification de la connaissance scientifique, qui sont nécessairement approximatives et circonstancielles.

La phénoménotechnique et les études de la science

L'incorporation de la phénoménotechnique au cœur des débats sur la construction de la connaissance scientifique est cruciale pour le développement de modèles de la science qui mettent en valeur les connexions dialectiques entre les théories scientifiques et l'expérimentation. Il est vrai que les modèles de type dialectique se reconnaissent aisément dans les travaux des philosophes et des historiens des sciences récentes, pour ne pas mentionner les sociologues des sciences, ou des mélanges de toutes ces approches. Ian Hacking et Peter Galison, entre autres, ont mis en valeur l'interface entre la science, la technique, la structure sociale de la communauté scientifique et l'importance des politiques scientifiques négociables. Mais ils passent à côté de points importants concernant les relations particulières entre théorie et pratique qui, comme nous allons le voir, sont traitées dans les travaux de Bachelard, en particulier à travers le concept de phénoménotechnique. Je vais analyser brièvement les préoccupations essentielles de Hacking et de Galison, et leurs apports importants et positifs, ainsi que les faiblesses de leurs arguments en ce qui concerne les façons dont les théories scientifiques sont en relation avec les pratiques scientifiques.

La majeure partie de l'œuvre de Hacking est une critique nourrie des modèles traditionnels de l'explication et de l'évolution scientifique qui repose beaucoup trop sur le rôle des théories en science. Les positivistes logiques, ainsi que d'autres philosophes des sciences orientés vers la théorie, comme Van Frassen et Hempel considèrent que la science est avant tout une entreprise strictement théorique, et en sont donc curieusement oublieux du rôle de l'expérimentation dans la constitution de la connaissance. L'observation et l'expérience n'ont qu'un rôle subsidiaire, parce qu'elles sont donc toujours chargées de théorie. Hacking propose une nouvelle forme de réalisme scientifique : le critère pour accepter l'existence d'entités est constitué par la manière dont on peut les manipuler, la manière dont elles provoquent les changements des phénomènes observables, et également par leur influence sur les systèmes instrumentaux réglés par les caractéristiques physiques différentes. Hacking pense également qu'est fausse la dichotomie traditionnelle entre pensée et action. Cette dichotomie est la conséquence «d'une obsession monomaniaque pour la représentation, la pensée et la théorie au dépens de l'intervention, de l'action et de l'expérience»[45]. Hacking défend le fait que l'intervention et la puissance de la technologie scientifique

---

[45] Hacking, I., *Representing and Intervening*, 1983, Cambridge, Cambridge University Press, p. 218.

dans l'élaboration de la science sont d'une telle importance qu'elle peut, à elle seule, valider les affirmations ontologiques des sciences concernant les entités théoriques. Est ainsi à l'œuvre une redéfinition des concepts traditionnels comme la représentation, la théorie et bien d'autres.

D'après Hacking, mettre l'accent sur l'expérimentation présente l'avantage de résoudre une fois pour toutes les problèmes entourant le réalisme scientifique. Ce qui est réel en sciences, ce n'est pas le résultat d'un choix rationnel entre des théories explicatives d'égale valeur, mais plutôt ce qui peut être démontré instrumentalement[46]. Plutôt que de se fier aux théories, compter sur des instruments aux propriétés physiques différentes et des degrés de sophistication variés représente l'épreuve ultime pour l'existence des entités scientifiques. En dépit de l'importance des vues suggérées par Hacking, celles-ci ne préservent pas son nouveau modèle de retomber exactement dans la situation que critique Hacking. Il est en effet particulièrement réducteur d'affirmer que l'action devient plus importante que la théorie, et constitue le critère unique de la plausibilité scientifique. Contrairement à l'épistémologie de Gaston Bachelard, et parce qu'il veut libérer l'expérience de sa subsidiarité à la théorie, le point de vue de Hacking néglige de mentionner que la vérification expérimentale est souvent une interprétation de données, c'est-à-dire de groupes d'énoncés qui valident des hypothèses expérimentales et théoriques. Fournir des contre-exemples à la prévalence des théories sur les observations

---

[46] Le concept d'« épistémologie instrumentale » suggéré par Bachelard correspond très bien à la notion de Hacking selon laquelle l'instrumentation en sciences constitue une jauge de l'objectivité des entités scientifiques, qui n'existent pas dans le monde naturel, mais uniquement dans le contexte de l'expérimentation scientifique.

empiriques ne démontre pas que « l'expérimentation a sa vie propre », comme l'affirme Hacking[47]. Au lieu de cela, ces contre-exemples démontrent que la question du réalisme scientifique ne peut pas être résolue tant que l'on n'accepte pas que la relation entre théorie et pratique est de nature dialectique[48]. De plus, ce n'est pas une dialectique entre choses différentes, mais, ainsi que le défendait Bachelard, entre les différents aspects d'une même chose. Le souci de Hacking de « sauver l'expérience » rend son modèle contradictoire. Hacking dit que : (a) il est déraisonnable de séparer pensée et action ; (b) l'expérience a sa vie propre ; et (c) le travail expérimental ne peut exister indépendamment de la théorie. S'il voulait bien reconnaître le caractère dialectique particulier de la théorie et de l'observation (ou de la pensée et de l'action), on n'y relèverait aucune contradiction, car ni l'expérience ni la théorie n'ont de prévalence particulière. Le réalisme scientifique devient alors matière à phénoménotechnique, c'est-à-dire que l'on prend en compte tout autant les contributions des préoccupations théoriques et des présupposés pratiques à la construction de la science, sans être amenés à prendre une position extrémiste et par conséquent à alléguer que la théorie (ou que l'action) vient en premier. Supposer, dès lors que l'on trouve des cas particuliers d'une position, que la vue opposée cesse d'être valide, c'est faire de l'histoire révisionniste.

La phénoménotechnique résout les contradictions précédentes. Elle évite le réductionnisme à un type de

---

[47] *Ibid.*, Hacking, p. 246.

[48] Voir Ackermann, R., *Data, Instruments and Theory: A Dialectical Approach to Understanding Science*, 1985, Princeton, Princeton University Press. Voir aussi Idhe, D., *Instrumental Realism : The Interface between Philosophy of Science and Philosophy of Technology*, 1991, Bloomington, Indiana University Press.

réalisme scientifique qui reposerait uniquement sur la vérification instrumentale ou sur les représentations théoriques. Elle inclut l'accent mis par Hacking sur l'expérimentation et la notion que la technoscience a le pouvoir de déterminer avec précision si des entités théoriques particulières existent. Cependant, contrairement au modèle de Hacking, la phénoménotechnique ne néglige pas l'idée que les systèmes théoriques jouent un rôle essentiel dans la construction et la validation des ces entités-là. Le concept de Bachelard reconnaît que même les aspects plus techniques de la production scientifique trouvent leur origine dans le contexte de la théorisation. Dans ce modèle de Hacking, la pratique scientifique est réduite à l'ingénierie, c'est-à-dire à un ensemble de compétences à des niveaux divers de complexité qui permettent au scientifique en tant qu'expérimentateur de fabriquer de la science. Transformer les scientifiques en ingénieurs soulève des problèmes évidents.

Fondamentalement, cela réitère la valeur de l'action opposée à celle de la théorie, et exige de Hacking qu'il redéfinisse des concepts tels que l'activité scientifique, le phénomène et la théorie. La théorie, par exemple, devient chez Hacking une forme particulière d'action. Du fait qu'il considère que les instruments sont neutres, et non plus chargés de théorie, Hacking ne se fie qu'à la technique pour la validation ontologique des affirmations scientifiques, ainsi qu'aux créateurs (indépendamment des cadres théoriques) des objets scientifiques. Cela aussi pose problèmes, parce que c'est nier à l'agent scientifique le pouvoir de distinguer les phénomènes artificiels et naturels (c'est la technique qui le fait). L'avantage du concept bachelardien de phénoménotechnique sur le réalisme pragmatique de Hacking, c'est que le premier reconnaît que les activités scientifiques - qu'elles soient théoriques ou instrumentales – sont toujours des expressions de la rationalité et de l'interdépendance mutuelle entre pensée et action.

L'idée que le contexte de l'expérimentation mérite une attention particulière n'est plus une idée neuve. Toutefois, l'originalité de Galison repose sur le fait qu'il a introduit les présupposés théoriques et pratiques non seulement dans l'interprétation des données scientifiques, mais également dans la technoscience elle-même. Là où Hacking affirmait que l'expérience a sa vie propre, et que c'est la technique qui « décide » quelles entités sont réelles, Galison analyse en profondeur les couches de théorie qui contraignent le résultat des expériences et déterminent leur achèvement. En d'autres termes, Galison dit au début de son ouvrage que les philosophes orientés vers la théorie, en particulier les positivistes, se fourvoient en négligeant le rôle de l'expérimentation dans la formation des concepts scientifiques. Quoi qu'il en soit, on peut voir en Galison le représentant d'une nouvelle voie qui met en avant l'importance de la théorie dans la construction de la science, une voie qui ne distingue pas la théorie de l'expérience mais qui les considère plutôt comme des éléments du même processus de démonstration.

Les niveaux de théorie et les catégories de présupposés expérimentaux et instrumentaux que trouve Galison sont en fait plus sophistiqués que ceux présentés par Bachelard. Galison synthétise ainsi la vision de la clôture des expériences : les expériences commencent et elles se terminent dans une matrice de croyances. Certaines de ces croyances sont métaphysiques, d'autres programmatiques, et d'autres encore ne sont pas davantage qu'un modèle formel ou visualisable. Mais le travail de laboratoire est également soumis à des contraintes pratiques qui peuvent n'avoir que peu de rapport avec la théorie : croyances en des types d'instruments, en des programmes de recherche expérimentale, en des jugements individuels bien exercés, concernant le comportement très local de portions d'appareillages ou bien les trajectoires, les impulsions et les comptages enregistrés chaque jour[49].

Dans cette mesure, la différence fondamentale entre Bachelard et Galison n'est pas seulement que le premier formule des affirmations normatives et le second des affirmations descriptives. Galison montre que, tout comme Duhem et Kuhn, le choix de la théorie et la décision de clore une expérimentation est une question de métaphysique et de croyance : croyance en la technique, en les méthodes, etc. Le modèle de Galison est très élaboré. Il montre avec succès comment il nous faut écarter tout à la fois le relativisme fondamentaliste des constructivistes sociaux et l'idée positiviste que les clôtures sont fondées sur la logique. Malheureusement, il le fait au détriment de la rationalité. Le cas de Bachelard est quelque peu différent. Son concept de phénoménotechnique est l'expression du point de vue selon lequel la matérialisation de théories et l'acceptation des entités produites par la technique sont une question de commensurabilité entre l'instrument, les présupposés théoriques et le consensus de ce que Bachelard appelle la cité scientifique. Mais il n'a jamais prétendu avec autant de vigueur que Galison que la technique incorpore les contraintes théoriques et expérimentales. Bachelard considère que l'étude de la science implique l'analyse des pratiques scientifiques, et qu'au niveau atomique, subjectivité et objectivité interfèrent l'une avec l'autre. Et encore, cette interférence n'implique pas seulement un manque de contrôle ou d'irrationalité, ou que la rationalité scientifique n'est plus le critère décisif pour le choix de la théorie et de l'expérience.

---

[49] Galison, Peter, *How Experiments End*, 1987, Chicago, Chicago University Press, p. 287-288.

Il n'est pas surprenant que la plupart des affirmations de Galison sur le développement de la physique des hautes énergies et la physique des particules soient semblables à celles de Bachelard en ce qui concerne la théorie quantique, la relativité et la chimie moderne. La phénoménotechnique implique que les entités scientifiques soient produites dans le contexte du laboratoire, et que ces entités soient la conséquence de l'incorporation matérielle des théories par la technoscience. Ainsi, « l'objectivité en sciences devient l'objectivité de ce qui est abstrait »[50]. La technique détermine ce qu'il est possible de trouver, mais c'est la rationalité qui établit les techniques de vérification. Contrairement à la pensée des constructivistes sociaux, cela ne signifie pas que toutes les constructions rationnelles puissent être réifiées par la technique. Tout comme Hacking et Galison, Bachelard pensait également que les effets du bruit de fond peuvent être détectés par des techniques de degrés de sensibilité différentes, et que les techniques scientifiques permettent au scientifique de distinguer les artefacts de la machine des objets d'observation. Comme le dit Bachelard, « peu à peu la culture de l'objectivité détermine un subjectivisme objectif. Le sujet, en méditant l'objet, élimine non seulement les traits irréguliers dans l'objet, mais des attitudes irrégulières dans son propre comportement intellectuel »[51].

Pour Bachelard, le travail de la science est un travail de rationalité croissante. Rendre compte du contexte expérimental, de l'aspect construit des systèmes techniques, des obstacles épistémologiques qui existent dans l'esprit du scientifique, et du manque de sophistication technologique, tout cela n'implique pas que

---

[50] Bachelard, Gaston, *L'activité rationaliste de la physique contemporaine*, 1951, Paris, Presses Universitaires de France, p. 79.
[51] Bachelard, Gaston, *Etudes*, 1970, Paris, J. Vrin, p. 81.

les agents contraignants existent indépendamment du scientifique. Puisque la technique est la matérialisation des théories, et que les théories sont créées par le scientifique, alors le manque de rationalité en science ne peut être attribué qu'au scientifique.

Eprouver les théories grâce à la technique, c'est toujours éprouver les théories face à la réalité physique. Les comptes rendus de la science fondés sur la priorité accordée à la théorie ne sont pas suffisants pour expliquer pourquoi et quand se forme le consensus, et de quelle manière il se fait que la technique redéfinit la signification de l'objectivité. Le réalisme pragmatique de Hacking ne prend pas en compte l'inextricabilité, dans le contexte expérimental, des couches de contraintes théoriques et techniques. Galison, quant à lui, est parvenu à établir une symétrie dans l'étude de la science en incorporant dans son modèle les couches de théorie, les engagements instrumentaux, la sociologie et la politique. Pourtant, ses affirmations concernant le début et l'achèvement des expériences sont encore trop proches des hypothèses métaphysiques de Kuhn et de Duhem. C'est pour cette raison qu'elles peuvent être reprises avec succès par les tenants des comptes rendus de la science fondés sur l'intérêt pour la théorie. D'un autre côté, une fois introduit dans le modèle de Galison, le concept de phénoménotechnique contribue à affaiblir l'affirmation que le lancement et l'achèvement des expériences sont strictement des matrices de croyances. Il préserve également la rationalité historique des systèmes scientifiques.

Bachelard et les constructivistes sociaux

Le problème de l'association, faite par les constructivistes sociaux, entre la phénoménotechnique et leurs propres affirmations concernant le caractère socialement déterminé des pratiques scientifiques, est moins facile à résoudre[52]. En fait, il est pratiquement impossible de tracer une ligne entre l'affirmation faite par les constructivistes selon laquelle les inscriptions scientifiques ne sont qualitativement pas différentes des inscriptions littéraires, et l'idée de Bachelard selon laquelle « certains corps chimiques créés par l'homme n'ont pas plus de réalité que l'*Enéide* ou *La Divine Comédie* »[53]. En outre, la substitution par Bachelard du concept d'objectivité par celui d'intersubjectivité semble encore davantage mettre en avant le caractère strictement social de la science. Husserl employa «l'intersubjectivité» pour expliquer le type de consensus qui existe entre les personnes relativement aux phénomènes du monde, mais il admet également que ce consensus ne prouve pas que le monde existe indépendamment des sujets. De la même façon, si nous transposons cette idée aux affirmations de Bachelard sur le consensus intersubjectif au sein de la communauté scientifique sur l'existence d'entités scientifiques, il nous faut admettre que, en soi, le consensus ne garantit pas que les choses à propos desquelles se forme l'accord existent effectivement. Les conséquences des remarques précédentes sont que la phénoménotechnique a été correctement exploitée par les constructivistes, et que Bachelard peut être considéré comme une sorte de constructiviste. Mais cette étiquette est anachronique. Le genre d'intersubjectivité de Bachelard rapproche sa philosophie des sciences d'une variété d'idéalisme transcendantal. Et cela aussi pose

---

[52] Pour une interprétation de la phénoménotechnique par les constructivistes sociaux, voir Latour B. et S. Woolgar, *La Vie de laboratoire. La production de faits scientifiques*, 1988, Paris, La Découverte.

[53] Bachelard, Gaston, *Etudes*, 1970, Paris, J.Vrin., p. 74.

problème, parce qu'il est compliqué de déterminer comment utiliser l'idéalisme transcendantal comme modèle pour l'analyse et la description des pratiques scientifiques. Paradoxalement, le modèle de changement scientifique de Bachelard est un modèle de rationalité et d'objectivité renouvelée. Dans cette mesure, il était aux côtés de Heisenberg quand ce dernier affirmait qu'« il ne faut pas se tromper sur cette introduction de l'observateur et la prendre comme signifiant qu'il faut incorporer un certain genre de caractéristiques subjectives dans la description de la Nature »[54].

De plus, les théories et la technique entrent en conflit avec la réalité. Comme l'a dit Galison dans sa critique des tenants de la théorie, la flexibilité des théories ne doit pas être surestimée. Ce ne sont pas toutes les théories qui peuvent être matérialisées par les instruments, car ceux-ci sont toujours soumis aux lois du monde physique. L'un des critères pour distinguer les artefacts des caractéristiques intrinsèques des observables est, comme l'a fait remarquer Hacking, d'utiliser des techniques qui reposent sur différents types de systèmes physiques. Bachelard avait relevé le même point en soulignant l'importance d'un examen instrumental scrupuleux, et donc l'état de conscience constant de la part de l'observateur scientifique par rapport aux parasites et aux autres effets de bruit de fond qui concurrencent les effets théoriques recherchés. L'épreuve instrumentale fait partie de la stratégie qui vise à déterminer si les hypothèses scientifiques, comme dit Bachelard, ne sont que des rêves dans l'esprit du scientifique, ou au contraire si elles possèdent une valeur épistémique et explicative.

Le positionnement relativiste de Bachelard, à savoir ses affirmations selon lesquelles les entités scientifiques

[54] Heisenberg, W., *Physics and Philosophy: The Revolution in Modern Science*, 1958, New York, Harper & Brothers Publishers, p. 177.

sont davantage des fabrications que des représentations des choses réelles, et que les instruments scientifiques sont des théories matérialisées, sont contrebalancées par sa métaphysique de réalisme constructiviste. Mais, contrairement aux constructivistes sociaux, et tout comme Hacking et Galison, il affirme que les mécanismes inévitables d'interférence des instruments de mesure dans l'observation des micro-entités ne fait pas de la science une entreprise strictement subjective.

Il est intéressant de noter que le réalisme pragmatique de Hacking vis-à-vis des entités et le point de vue de Galison selon lequel les résultats expérimentaux dépendent des couches de croyances, de prises métaphysiques et d'engagements instrumentaux passés, sont tous les deux comparables, encore qu'ils ne soient pas en totale convergence avec les positions de Bachelard sur la dialectique entre théorie scientifique et pratiques scientifiques. Comme nous l'avons vu, Hacking échoue à l'extrême opposé de la position qu'il attaque, négligeant ainsi complètement le rôle heuristique des théories. Par conséquent, la science devient une forme d'ingénierie, du fait que le statut ontologique des entités théoriques est évalué par la capacité du scientifique à les manipuler. La position de Galison est plus équilibrée. Elle offre une image de la physique théorique dans laquelle le rôle des théories dans le contexte expérimental est fondamental. Il développe également une position intéressante sur les questions politiques impliquées dans le processus de décision scientifique. Cependant, son affirmation selon laquelle les croyances et la métaphysique font partie des couches de théorie incorporées dans les instruments semble postuler une forme de déterminisme technique qui affaiblit les éléments rationnels des pratiques scientifiques. De leur côté, les vues défendues par Bachelard contribuent à renforcer tout à la fois l'exigence de symétrie postulée par Galison, et le réalisme pragmatique de Hacking, sans saper les exigences de rationalité scientifique.

Le positionnement non radical suggéré par le concept de phénoménotechnique met l'accent sur la distinction, non reconnue par les constructivistes sociaux, entre la science et les autres formes de connaissance sociale. Elle associe science et technique, et elle réfute que le caractère approximatif de la science, attribué par les avancements de l'instrumentation scientifique, implique l'absence de vérité objective. En définitive, parce qu'elle accepte que l'étude de chaque science - et ce à chaque étape du développement de la science - exige différents types d'analyse philosophique et historique, la phénoménotechnique ouvre la voie à des modèles de l'explication scientifique qui sont « pluralistes ».

Chapitre 3 : Les relations entre l'éthique et l'éducation scientifique ouverte[55]

La question d'une axiologie bachelardienne

La triangulation entre la science, la moralité et la citoyenneté est si obscure dans l'œuvre de Gaston Bachelard que la majorité des spécialistes bachelardiens ne s'occupent pas de ses thèses axiologiques[56]. Cependant, si nous déplaçons notre regard de son modèle du développement de la science vers le problème de l'éducation de l'esprit scientifique, implicite dans cette épistémologie, nous constatons que pour Bachelard la moralité est imbriquée dans la structure cognitive des sciences. Enseigner la science correctement, c'est simultanément enseigner à l'esprit les exigences d'une morale rationnelle. La relation entre la cognitivité et la normativité est identifiée par Bachelard dès 1934, lors d'une communication présentée au *Congrès international pour l'éducation morale* (Cracovie, Pologne), où il dit que « le problème essentiel de la vie morale consiste à déterminer chez l'être humain, pris comme sujet singulier, une activité objective et sociale » et que « toute la culture du moi sera morale à condition de rompre une singularité, de s'attacher à un système de pensée objectif ». Et il ajoute : « Je désignerais ainsi l'*objectivité* de l'*idéal* comme le premier des devoirs »[57].

---

[55] Paru dans *Cahiers Gaston Bachelard*, numéro 9, 2007, p. 78-88.

[56] Pour deux exceptions, voir Cristina Chimisso, *Gaston Bachelard. Critic of Science and the Imagination*, Routledge, London, 2001 ; Jean Libis, « Gaston Bachelard et la vacance du politique », in Bulcão, M. (dir.) *Razão e Imaginação*, Rio de Janeiro, 2005.

[57] Bachelard, « Valeur morale de la culture scientifique », in Didier, Gil, *Bachelard et la culture scientifique*, Paris, P.U.F., 1993, p. 7-11.

Les systèmes de moralité sont pour Bachelard aussi inachevés que les systèmes scientifiques. En effet, il affirme dans la même communication qu'il « n'y a pas plus de réalité toute faite en science qu'il n'y en a en morale. La réalité scientifique n'est pas aussi loin qu'il semblerait d'une réalisation morale »[58]. Toutes les deux impliquent le respect pour la vérité universelle qui n'est rien de plus que « la soumission à ce qui est objectif ». Ainsi, la vérité scientifique – qui implique un travail de construction vers une connaissance approchée du réel – est importante non pas seulement pour le sujet scientifique mais aussi pour l'individu moral. Et comme il « n'y a pas de formation morale sans une formation intellectuelle objective »[59], le « devoir pédagogique » du professeur dans le contexte de cette conscience morale est celui de produire chez l'élève « l'apprentissage discursif d'une conduite rationnelle »[60]. Alors, tout défaut dans l'enseignement des sciences, y compris l'absence de la préoccupation de transmettre aux élèves le sens de la dynamique cognitive intrinsèque à la pratique scientifique, se répercute en une éducation pour l'action morale incorrecte. Considérant que pour Bachelard la vraie moralité a, tout comme la vraie science, un caractère objectif, social et universel, il résulte d'une mauvaise éducation en science une éducation civique incomplète. Si l'on triangule ainsi la science, la moralité et la citoyenneté, on comprend qu'une ignorance des citoyens relativement aux questions pratiques de la science a des conséquences néfastes, car elle affecte leur aptitude à faire des choix dans les contextes sociaux de l'incertitude morale.

[58] *Ibid.*, Bachelard in Didier, 1993, p. 8.
[59] *Ibid.*, Bachelard in Didier, 1993, p. 10.
[60] *Ibid.*, Bachelard in Didier, 1993, p. 9.

L'analphabétisme de la majorité de la population pour les questions scientifiques a des racines sociales, politiques, économiques, et idéologiques profondes, qui transcendent les erreurs pédagogiques de l'enseignement scolaire des sciences. Mais, pour Bachelard, « l'école » est l'agent provocateur de cette situation, car elle n'a pas été suffisamment apte à faire comprendre aux élèves les valeurs cognitives et normatives implicites dans l'activité de construction de la connaissance scientifique.

Les accusations d'inadéquation de l'école à préparer les individus pour une connaissance profonde de ce que signifie « faire » de la science ne sont pas originellement propres à Bachelard. Sa contemporaine Maria Montessori, par exemple, critiquait elle aussi vivement le caractère destructif de l'école primaire traditionnelle pour l'esprit, le corps et la sensibilité des enfants. « Dans la vieille école », nous dit-elle, les professeurs sont « préparés en accord avec une philosophie métaphysique »[61], et « souvent l'éducation des enfants consiste à déposer dans leur intelligence le contenu intellectuel des programmes scolaires. Et maintes fois ces programmes ont été élaborés dans un département d'éducation officiel, et leur usage imposé par la loi au professeur et à l'enfant »[62].

La Méthode Montessori (1929) est pleine de recommandations destinées aux professeurs de pédagogie scientifique de son école réformée. L'une d'elles implique le besoin de devenir simultanément « les aimants et les interprètes de la nature »[63]. Une autre les avertit de leur obligation d'appliquer à l'enseignement scolaire les découvertes de la psychologie et de la physiologie, c'est-à-

[61] M. Montessori, *Montessori Method*, New York, Dover, 2002, p. 7.
[62] *Ibid.*, Montessori, 2002, p. 27.
[63] *Ibid.*, Montessori, 2002, p. 10.

dire des disciplines scientifiques qui étudient les niveaux du développement cognitif et culturel des individus. Le résultat de l'utilisation de ces règles dans la classe serait une transformation complète du professeur, qui passerait d'une autorité infaillible au stade de simple observateur scientifique qui guide l'activité psychique de l'élève[64], sans le forcer à apprendre ce qui n'apparaît pas spontanément dans son esprit, et sans jamais lui faire connaître les erreurs et les incompréhensions dans lesquelles il est tombé[65]. L'acquisition des connaissances doit être en continuité avec ce qui est spontané dans la pensée et le professeur ne doit jamais prévenir ou décourager l'imagination fertile de l'élève.

Bachelard était familier de la pédagogie montessorienne, mais sa critique de l'école traditionnelle est plus englobante. Il est d'accord avec Montessori sur le fait que les professeurs doivent comprendre les mécanismes psychologiques régulateurs de l'apprentissage ainsi que sur le fait que le dogmatisme et les programmes éducatifs imposés « d'en haut » conduisent à un désastre pédagogique dans la classe. Mais il diffère complètement d'elle quant aux questions de la méthodologie éducative, de l'épistémologie de la science, de la formation de la pensée scientifique, et de la relation entre les expériences immédiates du sujet et sa vie scientifique et morale.

Dans *Le matérialisme rationnel* (1953), Bachelard identifie les erreurs de la méthode montessorienne quand celle-ci est appliquée par les professeurs à l'enseignement scolaire de la science moderne. Bien qu'il considère Montessori comme une grande éducatrice, il dit aussi qu'elle « paraît donner à la *leçon de choses* si utile pendant l'enfance (...) un rôle trop persistant dans la culture d'un adolescent (...) À force de se mettre

[64] *Ibid.*, Montessori, 2002, p. 173.
[65] *Ibid.*, Montessori, 2002, p. 109.

(toujours) « à la portée des enfants », le maître s'infantilise... Sans doute, pour toute connaissance, les premières leçons demandent des prouesses pédagogiques. Elles ont le droit d'être incomplètes, schématiques. Elles ne doivent pas cependant être fausses....Une telle leçon enseignée au seuil de l'adolescence serait un retard à l'adolescence! »[66]

Il n'est pas difficile de reconnaître que l'épistémologie scientifique implicite à la pédagogie montessorienne est antithétique de celle que Bachelard propose tout au long de sa carrière de professeur des sciences. Pour lui, la connaissance scientifique est en rupture avec la connaissance du sens commun et avec les rêveries de l'imagination. Pour Bachelard, faire de la science implique qu'on ré-oriente l'esprit vers la rationalité et l'objectivité, tout en l'aidant à se défendre de tout ce qu'il y a d'arbitraire dans la subjectivité. De plus, l'objet scientifique moderne n'est pas « donné » mais «construit», contre la nature et contre les certitudes initiales de l'observateur. Donc, il est dangereux de convaincre les élèves que la science est une affaire facile, que les théories scientifiques sont des absolus et qu'elles correspondent à des produits de l'observation directe et intuitive du réel. Enfin, pour Bachelard, est-ce qu'il est convenable comme le propose Montessori dans une initiation à la chimie « de dire aux enfants que 'le carbone a quatre bras'? Comment nous intéresserions-nous aux problèmes quand nous croyons trouver leur solution aussi simpliste ». Il ajoute aussi que les impressions personnelles et concrètes, celles que Montessori avait prises comme point de départ à la connaissance du monde et à la manifestation de la liberté individuelle sont, au contraire, «une prison étroite, où l'esprit perd sa

[66] G. Bachelard, *Le matérialisme rationnel*, Paris, P.U.F., 1953, p. 30.

liberté»[67]. Il est pourtant nécessaire de lutter incessamment contre le pouvoir des métaphores, des images, et des rêveries qui vivent « fortement enracinées » dans l'inconscient et qui inhibent l'évolution d'une culture scientifique[68].

Le professeur des sciences doit contrarier la tendance naturelle de l'esprit à la rêverie et le guider vers les rigueurs de la pensée critique intersubjective. En effet, motiver l'absorption passive de la connaissance livresque avec les méthodologies pédagogiques autoritaires et rigides, comme encourager chez l'élève la continuité entre la pensée abstraite et l'imaginaire de l'enfance, ces deux tendances se transforment rapidement en obstacle épistémologique quant au développement de l'esprit nécessaire à la dynamique de la pratique scientifique. Cette propension à la facilité se répercute aussi dans une préparation morale et civique fautive, car elle forme, dès l'école, des citoyens qui acceptent l'autorité et le préjugé social dans la mesure où ils sont incapables d'évaluer par eux-mêmes les situations morales dans lesquelles ils se trouvent quotidiennement, ou bien d'évaluer les conséquences politiques et éthiques de la recherche scientifique. Au contraire, motiver l'objectivité ou « la socialisation de la vérité » dès le commencement de l'éducation sociale signifie encourager simultanément une attitude morale d'universalisation des valeurs et, par conséquent, instruire les individus pour qu'ils deviennent des critiques des opinions et des préférences purement relativistes et subjectives. En matière de moralité, tout comme dans les questions scientifiques, Bachelard affirme que notre devoir est celui de réformer la pensée, « en donnant à une pensée vague et personnelle une allure précise et objective », pour pouvoir arriver « à *extravertir*

---

[67] *Ibid.*, Bachelard, 1953, p. 24.
[68] *Ibid.*, Bachelard, 1953, p. 27 et p. 40.

l'intérêt...». Et il ajoute : « Nous trouvons toute une série d'exemples de correction intime. On ne corrige une faute que si l'on a pu faire comprendre que cette faute est une erreur... On insiste d'habitude sur la méditation des conséquences fines de l'acte que déterminera dans l'intention les *délicatesses* qui relèvent de toute évidence de l'intelligence »[69].

Expériences de l'éducation scientifique de l'école contemporaine

Bachelard nous offre un diagnostic détaillé de l'état de l'éducation scientifique de son temps et aussi, je le crois, de l'état de l'éducation scientifique contemporaine et de son décalage par rapport à toute responsabilité civique. La difficulté du côté des élèves à comprendre la science moderne et ses effets sociaux résulte d'une perspective éducative montessorienne qui traverse le post-modernisme et qui, en conjonction avec l'attitude positiviste des professeurs de science, s'est infiltrée graduellement dans les institutions scolaires. Tout cela a fini par encourager l'analphabétisme scientifique et la relativisation du contenu épistémique de la science. C'est aussi la cause de l'incapacité des étudiants et des citoyens à pouvoir distinguer la science de la pseudo-science et la science théorique de la pratique scientifique, tout comme cela conduit à les faire négliger les analogies entre la structure cognitive de la science et la structure normative de l'action morale. Le résultat d'une philosophie éducative comme celle-ci a été d'augmenter l'auto-estime de l'élève – ce qui se présentait comme une prémisse fondamentale de l'école montessorienne – mais au prix d'une augmentation de l'égoïsme de l'individu et d'une banalisation à ses yeux de la valeur et du contenu de

[69] Bachelard, « Valeur morale de la culture scientifique », *op.cit.*, p. 9.

l'activité scientifique. Cette éducation a aussi contribué à la séparation, dans l'esprit de l'élève, des valeurs intrinsèques à l'activité scientifique et des valeurs de l'activité morale « en dehors » du laboratoire.

Les élèves de mes cours de philosophie et d'histoire des sciences illustrent cette double dissociation. Ils se répartissent en deux groupes. D'une part, les positivistes ingénus viennent des disciplines scientifiques avec le préjugé selon lequel la science offre une série de vérités irréfutables. Ils pensent aussi que les preuves des tests de vérification des hypothèses sont toujours certaines et sont donc assurées une fois pour toutes, que la méthode scientifique est fixe, et qu'il existe une démarcation entre le sujet et l'objet ou encore entre « faire » de la science et « être » moral. D'autre part, les relativistes ingénus ont appris dans les disciplines culturelles et les humanités que la science est une construction sociale de l'Occident et que les autres modes de penser dans d'autres cultures ont la même signification épistémologique que la première, que la méthode scientifique est un mythe, et que l'absence de distinction entre le sujet et l'objet – illustrée dans l'inséparabilité entre le « moi » scientifique et le *zeitgeist* culturel – empêchent une évaluation objective (ou « indépendante ») du réel. Le groupe des positivistes s'est convaincu que la science et la moralité sont des territoires indépendants, c'est-à-dire que les scientifiques produisent de la science et que les « éthiciens » évaluent les conséquences morales et politiques des découvertes menées par les premiers. Ils pensent aussi que la science est objective et que la moralité, bien qu'elle ait un caractère universel, est tout à fait subjective. Le groupe des relativistes accepte que la science et l'éthique soient toutes les deux subjectives, mais aussi qu'elles ne puissent pas être indépendantes l'une de l'autre, dans la mesure où toute la science serait politique. Les deux groupes ignorent le rôle, fondamental quant à la pratique scientifique objective et par conséquent à la pratique d'une morale objective, de la tension, de l'erreur, de l'ambigüité, et de la difficulté à faire des choix théoriques face à la même évidence empirique.

Causes pédagogiques et psychologiques de la stagnation intellectuelle

Pourquoi les étudiants tombent-ils presque tous inévitablement dans une de ces deux positions épistémologiques et métaphysiques ? Pour Bachelard, la réponse à cette question passe par une analyse profonde du contraste entre la pratique de l'éducation, le contenu de la science, et les leçons en normativité initiées à partir du travail scientifique (la science en action). Dans le premier cas, le problème concerne les méthodes d'enseignement utilisées dans les cours de science et de philosophie des sciences. C'est là que l'épistémologie de la pratique scientifique et la valeur cognitive de l'erreur sont remplacées par une science livresque qui fixe l'esprit là où il devrait être dialectisé et dynamisé[70], et où la tension essentielle entre les idées est niée en faveur d'un faux «actualisme» historique. Il est aussi vrai que les professeurs de science théorique « ne comprennent qu'on ne comprenne pas »[71], parce qu'ils ne sont jamais entrés dans un laboratoire. À son tour, le professeur de philosophie des sciences devient victime de la notion de science acquise avec les traumatismes liés à son initiation, mais sans jamais participer directement « au travail

[70] G. Bachelard, *La formation de l'esprit scientifique : contribution à une psychanalyse de la connaissance objective*, Paris, J. Vrin, 1938, p. 137.
[71] *Ibid.*, Bachelard, 1938, p. 18.

acharné des spécialistes »[72], et sans se rendre compte des forces psychiques intrinsèques à l'apprentissage scientifique de la réalité[73]. L'une des conséquences de cette situation est une pédagogie fautive qui produit chez l'élève et chez le professeur une inertie de la pensée[74], une propension pour les solutions faciles et pour les « centres de faux intérêts », une compréhension fermée et une application automatisée des formules empiriques, une aversion pour l'erreur et un désir d'avoir les solutions enseignées aussitôt que possible[75]. Le résultat, c'est une science « bien socialisée, (mais) bien immobilisée », qui passe facilement pour « naturelle » aux yeux du professeur des sciences, de l'étudiant et du professeur de philosophie des sciences. Une autre conséquence est l'absence d'un exercice psychique nécessaire à l'acceptation de l'incertitude et de l'ouverture au changement, qui sont deux des valeurs essentielles à une citoyenneté responsable. En effet, les règles morales socialisées et bien mobilisées, et qui par conséquent sont tenues pour naturelles et évidentes par le groupe social, tendent à rester invisibles en l'absence d'une posture analytique si décisive pour le progrès social.

L'autre réponse de Bachelard à la question de l'analphabétisme scientifique concerne les défauts inhérents à la transmission du contenu et de la pratique de la science, tout comme les obstacles qui habitent l'esprit du scientifique, du professeur et de l'élève. Comme nous l'avons déjà remarqué plus haut, pour Bachelard la science moderne ne se forme pas en continuité mais en rupture avec le sens commun et avec la science classique. Elle se met en relation avec le réel d'une façon probabilitaire et

[72] *Ibid.*, Bachelard, 1938, p. 155.
[73] *Ibid.*, Bachelard, 1938, p. 7.
[74] *Ibid.*, Bachelard, 1938, p. 57.
[75] *Ibid.*, Bachelard, 1938, p. 30, p. 40, p. 214, et p. 234.

incertaine. Cela implique une subversion des ambitions d'objectivité et d'universalité des scientifiques et des philosophes des XVIIe et XVIIIe siècles. En effet, la connaissance scientifique est faite d'approximations et d'erreurs rectifiées. Pour Bachelard, les mécanismes auto-correcteurs de la science obligent le scientifique à se mouvoir constamment entre la spéculation et l'expérimentation, entre le doute et la certitude, entre le rationalisme et le réalisme[76], dans un procès constant de légitimation mutuelle et d'ouverture spirituelle au changement de référentiels. Enseigner la science doit donc passer par une connaissance directe de ce filtre de la science en train de se faire, tantôt en théorie dans l'esprit des scientifiques, tantôt en pratique de laboratoire. On doit expliciter tantôt « la ligne de production spirituelle qui a conduit » aux résultats[77], tantôt une valorisation des vérités théoriques qui ont été déjà matérialisées en succès expérimental, descriptif et prédictif. Dans le cas particulier des apprentis de la science, il est important de leur enseigner que « l'esprit scientifique doit lutter de façon incessante contre les images, contre les analogies, contre les métaphores »[78], contre le désir de se fixer dans un des pôles de la dualité rationnel/réel, enfin contre les séductions de la culture sociale qui n'appartiennent pas à la culture scientifique sinon comme résistances au changement. La difficulté de cette tâche ne vient pas seulement d'un enseignement inadéquat. Elle émerge aussi de la tendance, toute naturelle à la pensée humaine, réfléchie dans l'histoire de la science et matérialisée dans l'éducation officielle, à la rêverie, à la superstition, à la magie aussi bien qu'au réalisme naïf[79]. Il s'agit des mêmes

[76] G. Bachelard, *Le nouvel esprit scientifique*, Paris, P.U.F., 1934.
[77] Bachelard, *La formation*..., op.cit., p. 234.
[78] *Ibid.*, p. 38.
[79] G. Bachelard, *Le nouvel esprit*..., op.cit., p.19.

tendances caractéristiques d'un esprit humain et d'une société fermés, dans lesquels les systèmes de moralité fixes et immuables sont tenus comme adéquats à la réalité morale tout en ne réussissant jamais à être vraiment incorporés par les individus dans l'action sociale, dans la mesure où elle est, tout comme l'action scientifique, beaucoup plus ambigüe, fluide et incertaine que ce que sa description théorique ou livresque nous ferait soupçonner.

La formation de l'esprit scientifique identifie quelques uns des obstacles épistémologiques que Bachelard considère comme essentiels au regard de la psychanalyse de l'inconscient scientifique, sur lesquels les élèves, les professeurs de science et de philosophie de sciences, ainsi que les scientifiques doivent toujours être attentifs. Ces exemples d'obstacles sont, entre autres : l'animisme, le substantialisme, l'opinion, l'expérience concrète quotidienne, l'observation directe, la science dogmatique, la fixité de la raison, la connaissance quantitative, l'inconscient collectif, les rêves, les livres, les professeurs, les obstacles verbaux, les lois générales, l'unité de la nature, etc. Tout cela constitue des « causes de stagnation et de régression » de la pensée scientifique et donc de la pensée morale[80]. Même la pensée la plus exigeante est déformée par ces éléments qui subsistent dans les « zones obscures » de l'esprit[81], et qui déforment à tout moment l'interprétation de la découverte scientifique et, par conséquent, l'interprétation de l'action morale. Du côté des professeurs, l'absence de prise en compte des obstacles et la confiance excessive dans les systèmes fixes de pensée conduisent à la formation de ce que Bachelard désigne comme « l'âme professorale », qui est confortablement satisfaite dans son petit monde dogmatique, fermé et statique, et qui s'oppose à « l'âme

---

[80] G. Bachelard, *La formation…*, op.cit., p. 13.
[81] *Ibid.*, p. 7.

qui souffre d'abstraire et de quintessencier »[82]. Au contraire, les professeurs de science et les professeurs de philosophie des sciences doivent enseigner les règles d'une culture scientifique ouverte à l'innovation et toujours attentive aux résistances offertes par l'obstacle d'une science facile parce que déjà faite, comme à la nécessité d'achever un équilibre entre le désir d'accepter l'autorité du professeur et la nécessité de le contredire[83]. Donc, « l'*attitude* psychologique faite, d'une part, de résistance et d'incompréhension, d'autre part, d'impulsion et d'autorité, devient l'élément décisif dans l'enseignement réel, quand on quitte les livres pour parler aux hommes »[84]. Peut-être que cette philosophie de l'éducation aiderait à nous prévenir contre les résistances de la pensée au changement et à contrebalancer, à partir de la démonstration explicite de la tension présente entre des théories scientifiques également concordantes avec l'évidence empirique, le positivisme naïf des élèves des cours de science. Simultanément, elle serait utile dans toutes les situations de décision sociale où une correspondance directe entre le système moral et la dynamique de l'action serait impossible à réaliser. En effet, l'action morale est, tout comme l'incertitude scientifique, presque toujours en rupture avec les règles qui la déterminent dans le monde des systèmes abstraits.

La pratique de l'inquiétude de la raison[85] est liée à l'obligation d'amener l'élève à « la conscience d'une raison de groupe »[86]. Cette tâche, toujours inachevée, est essentielle si l'on veut éviter que tantôt les professeurs de science, tantôt les élèves et les philosophes des sciences de

[82] *Ibid.*, p. 9 et p. 18.
[83] *Ibid.*, p. 252.
[84] *Ibid.*, p. 246.
[85] *Ibid.*, p. 247.
[86] *Ibid.*, p. 244.

formation humaniste ne tombent dans le relativisme que Bachelard voit derrière sa propre re-définition de l'objectivité. La science moderne se développe plus rapidement et de façon plus rigoureuse que la science classique en raison même de l'existence de « groupes réfractaires » qui aident chaque scientifique à penser toujours « *contre* quelqu'un »[87], et donc à mieux identifier les obstacles au raisonnement correct, à éviter les pièges du relativisme et des intuitions mal informées, à critiquer et à mieux articuler sa propre théorie. La même chose doit se passer dans une société où l'on s'éloigne de l'individualisme et de l'autoritarisme en faveur de l'intersubjectif, et où les idées ne sont pas imposées d'en haut mais au contraire elles sont acquises à partir de l'évidence empirique et du consensus, ce dernier renvoyant lui-même à une espèce de surveillance intellectuelle (et donc morale) de soi. Les intuitions morales initiales sont des obstacles au progrès de la morale universelle et objective, de la même façon que les intuitions premières sont des obstacles épistémologiques à la construction de la science.

Les axiologies de la cité scientifique et de la cité sociale

Dans *Le rationalisme appliqué* (1949), Bachelard montre que l'élève de la science doit apprendre avec le professeur l'importance de la tension entre le « moi scientifique » d'un côté et le « non-moi scientifique » de l'autre, c'est-à-dire entre le « programme d'expériences à faire » et la « problématique constituée » de la science déjà faite[88], représentée par la résistance offerte au changement de la partie des scientifiques avec qui l'on travaille. En effet, le travail scientifique est toujours accompli « en

[87] *Ibid.*, p. 245.
[88] G. Bachelard, *Le rationalisme appliqué*, Paris, P.U.F., 1949, p. 51.

situation »[89], et l'approximation d'une théorie avec un pouvoir explicatif supérieur passe par l'inter-rationalisme et l'inter-psychologie[90], et donc par les mécanismes de censure mis en place par la cité scientifique. C'est de la relation entre le « moi » et le « tu » qu'apparaît la résolution rationnelle d'un problème[91], et, par ailleurs la « socialisation de la vérité »[92]. De plus, c'est à partir « du *moi-tu* de la pensée rationaliste qu'apparaissent le contrôle, la vérification, la confirmation (...) »[93]. Ceci ne veut pas dire que le scientifique ne peut pas penser par lui-même, même si toute recherche doit être faite en équipe. Mais cela signifie que faire de la science passe par l'intériorisation et la duplication dans son propre esprit des mécanismes de censure qu'on trouve toujours dans la résistance offerte par la critique des autres. Alors le scientifique doit apprendre à « vivre une division de son propre moi (...) (et à installer) en son propre esprit, en face de son *je*, une sorte de *toi* vigilant »[94].

Le bachelardisme met en relief l'exercice de la résolution des problèmes complexes, la tension des perspectives, les techniques de persuasion, le dialogue interdisciplinaire, ainsi que la pensée critique. Il s'agit d'éléments qui aident à l'actualisation des mécanismes de censure intellectuelle présents dans la pratique scientifique, mais qui, malheureusement, restent invisibles dans l'enseignement positiviste et dans les réformes post-modernistes et montessoriennes des institutions scolaires. Il n'est pas difficile de reconnaître comment l'exercice de la pensée critique si nécessaire au développement de la

---

89 *Ibid.*, p. 53.
90 *Ibid.*, p. 55.
91 *Ibid.*, p. 53.
92 *Ibid.*, p. 58.
93 *Ibid.*, p. 59-60.
94 *Ibid.*, p. 60.

science, la destruction du dogmatisme par l'autocensure intellectuelle et la censure de la part de l'autre conduisent à des conséquences importantes pour les tâches de l'individu en tant qu'être social. Comme Bachelard le montre bien : « l'être qui pense la vérité rompt à ce moment-là avec l'égoïsme ; il oppose en lui-même la conscience universelle à un inconscient subjectif mystérieux et impur »[95]. La cité scientifique et la cité sociale s'interpénètrent, parce que la science et la morale sont précisément sociales et constituent une partie intégrante de la « raison constituée »[96].

Conclusion

Bachelard explique les causes des difficultés à corriger les mécanismes psychologiques complexes de l'esprit scientifique, les raisons pour lesquelles il tend vers le positivisme ou vers le relativisme, ainsi que les démarches qui peuvent aider les élèves à désirer un savoir scientifique toujours ouvert et un esprit qui a besoin d'osciller entre toutes les positions métaphysiques possibles pour motiver la créativité scientifique. Pour Bachelard, « le milieu scolaire est un milieu que les adultes gagneraient à imiter. Ce n'est pas l'Ecole qui doit être faite à l'image de la Vie, mais bien la Vie qui doit être faite à l'image de l'Ecole »[97].

L'esprit scientifique a besoin d'être encouragé au changement dans la mesure où de son amélioration résulte son développement moral. La dialectique entre le professeur et l'élève – cet exercice initiatique d'autocensure intellectuelle et scientifique – encourage un

---

[95] G. Bachelard, «La valeur morale de la culture scientifique», *op. cit.*, p. 10.
[96] *Ibid.*, p. 8.
[97] *Ibid.*, p. 10.

développement moral dans les deux parties, ce qui à son tour amène à une citoyenneté améliorée. Le pouvoir de poser des nouvelles questions, l'insatisfaction devant le *donné* et la tendance à rejeter des absolus sans preuve sont des attitudes éducatives qui transcendent spontanément la place où elles sont apprises – c'est-à-dire à l'école – pour s'installer dans le social.

Les individus qui acceptent le changement, qui s'ouvrent à l'innovation, qui rejettent les préjugés du passé, la stagnation et la régression, et qui acceptent les subtilités implicites dans toute action sociale, participent d'une société plus désirable qu'une société dans laquelle les individus s'alimentent sans critique des valeurs ankylosées du passé. En ce sens, la réalité morale doit être aussi fluide et mouvante que la réalité scientifique. Toutes les deux sont créées par le même sujet désireux d'objectivité et d'universalité, et toutes deux correspondent à un état de dialectisation permanente entre la théorie et l'évidence empirique, toujours dans un esprit d'ouverture et de changement.

Seconde partie :

Un petit univers conceptuel

Chapitre 4 :
La création et le développement de la phénoménotechnique dans l'œuvre de Bachelard[98]

La phénoménotechnique est un élément primordial de l'explication des relations dynamiques que Bachelard voyait exister entre les théories, la technique et l'observation scientifique. Mon projet ici est d'analyser la création et le développement conceptuel de la phénoménotechnique dans l'œuvre épistémologique de Gaston Bachelard. J'ai divisé cette étude en quatre sections. La première couvre les années entre 1927 et 1929. La seconde, les années entre 1931 et 1940. La troisième section couvre les années entre 1949 et 1953. Enfin j'offrirai une critique de la phénoménotechnique, aussi bien que de son articulation avec quelques-uns des aspects les plus importants de l'épistémologie bachelardienne.

Bachelard affirmait avec Brunschvicg que les théories telles que la Relativité et la théorie des quanta impliquaient une redéfinition des processus impliqués dans la construction de l'objectivité dans les sciences physiques. Cette construction demandait l'analyse de l'interaction de la théorie et de l'expérimentation, aussi bien que la phénoménologie de la relation entre le savant en tant qu'observateur et le réel physique en tant que transformé par l'histoire de l'instrumentalisme à l'intérieur de la cité scientifique.

Comme résultat de la relation dialectique entre les propositions théoriques et leur vérification expérimentale, la physique mathématique est pour Bachelard le seul outil qui permet au savant de construire les objets scientifiques.

---

[98] Paru dans *Cahiers Gaston Bachelard*, n.1, 1988, p. 49-57.

Les relations que Bachelard concevait entre la connaissance et la technologie font partie de la phénoméno-technique. Tout comme le « matérialisme technique », la « connaissance approchée », ainsi que l'«épistémologie instrumentale» et le « rationalisme appliqué », la phénoménotechnique fait ressortir la dépendance des sciences vis-à-vis de ce qui est rationnellement construit et réifié par la technique. Je soutien que cette intuition était déjà présente dans *l'Essai sur la connaissance approchée*, et pas seulement au moment de la création de la « phénoménotechnique » en 1931. L'évolution qui a suivi coïncide avec son changement de point de vue dans l'analyse de l'activité scientifique. L'attention de Bachelard est passée de l'étude des méthodologies à celle de la nature des entités scientifiques.

1928-1929

Dans *l'Essai sur la connaissance approchée*, le concept faillible de « connaissance approchée » reflète la subordination de la science envers le processus de rectification constant qui est la pierre de touche de la relation qui s´établit entre « l'ordre du donné et la méthode de sa description »[99] . L'« épistémologie instrumentale » est la catégorie utilisée ici pour identifier la dépendance de la connaissance scientifique par rapport au développement technologique. La science dépend en effet d'un «déterminisme instrumental» (ECA, 65). Ce genre de réalisme est appelé tantôt « réalisme construit » (ECA, 187), tantôt « empirisme technique » (ECA, 163).

Bachelard développe aussi ces idées dans *l'Etude sur l'évolution d'un problème de physique : la*

---

[99] *Essai sur la connaissance approchée* (1928), J. Vrin, 1987, p.15; sera noté ECA.

propagation thermique dans les solides [100] et dans *La valeur inductive de la relativité.* Ces œuvres développent quelques-uns des problèmes épistémologiques de l'*Essai*, tels que la dépendance des concepts à l'égard de la contingence des cultures scientifiques. Dans l'*Etude*, Bachelard explique que les jugements de validation demandés pour le choix et le changement des théories sont le résultat, non seulement de la vérification expérimentale, mais aussi des instances régulatrices réifiées dans la cité scientifique. L'importance de la physique mathématique pour la construction des théories et pour la systématisation des résultats expérimentaux est fondamentale dans le contexte de l'*Etude.* La proposition qui fait de la pensée mathématique l'instrument de la physique devient la thèse centrale de *La valeur inductive de la relativité.* Bachelard avait déjà soutenu que les techniques scientifiques telles que le calcul tensoriel contrôlent les changements théoriques. La mathématique devient alors l'instrument rationnel par excellence des théories de la Relativité, parce qu'« on peut dire qu'en examinant le phénomène sur un plan théorique tout nouveau, la Relativité invente vraiment l'expérience, qu'elle crée l'expérience[101] ». Ceci provoque un « renversement de la causalité » (VIR 143), aussi bien que la nécessité de reconnaitre une rupture épistémologique avec le concept de cause-effet exprimé par la physique newtonienne. La phénoménotechnique devient alors une « phénoménologie mathématique » (VIR 217). La mathématique incarne l'objectivité dans le même sens que la technologie matérielle l'incarne au premier niveau d'approximation. Les sensations de l'observateur ne peuvent pas êtres utilisées pour valider les jugements

---

[100] *Etude sur l'évolution d'un problème de physique : la propagation thermique dans les solides* (1928), Paris, J. Vrin, 1973.

[101] *La valeur inductive de la relativité*, Paris, J. Vrin, 1929, p. 143 ; sera noté VIR.

scientifiques, parce que l'observateur doit être éliminé de la référence relativiste (VIR, 205). De plus, l'objectivation sociale n'est pas, comme dans la phénoménologie, le résultat de l'agrément intersubjectif des sensations, mais plutôt une sorte d'agrément collectif des esprits, c'est-à-dire de consensus dans la communauté scientifique.

1931-1940

En 1931, Bachelard publie « Noumène et microphysique » où le concept de phénoménotechnique apparaît pour la première fois. Dans cet article, le terme illustre les implications de la pensée mathématique dans la microphysique. La mathématique devient une méthode plutôt qu'un langage. Elle provoque les conditions instrumentales qui permettent la systématisation de l'essence du réel. Ce réductionnisme méthodologique [102] fait dépendre la connaissance de la réalité physique des conditions instrumentales de la communauté scientifique, et conduit ainsi une fois de plus à un réalisme de type construit. La phénoménologie classique est alors rejetée parce qu'elle présuppose une passivité vis-à-vis du donné. On devrait alors parler de « phénoménotechnique », parce que la physique mathématique devient la « nouménologie (...) par laquelle les phénomènes nouveaux sont, non simplement pas trouvés, mais inventés, mais construits de toutes pièces » (NM, 18-19).

Ces déclarations sont aussi développées dans *Le pluralisme cohérent de la chimie moderne*[103], ici en tant qu'appliquées à la création des éléments chimiques, où la

---

[102] « Noumène et microphysique », *Recherches philosophiques*, 1, 1931/32, p. 55-56 ; rééd. dans *Etudes*, Paris, J. Vrin, 1970, p. 11-24 ; sera noté NM.

[103] *Le pluralisme cohérent de la chimie moderne* (1932), Paris, J. Vrin, 1973 ; sera noté PCM.

nature phénoménotechnique de la science est plus évidente. Le terme « phénoménotechnique » est absent, mais la démarcation que Bachelard fait apparaître entre nature et technique mène dans la même direction. Le chimiste essaye de « provoquer des arrêts dans l'évolution de la structure, d'où le côté essentiellement artificiel des substances intermédiaires » (PCM, 66). Ce genre d'activité implique la création de substances qui ne peuvent pas être trouvées dans la « nature naturelle ». La même idée est présente dans *La philosophie du non*, et dans « Lumière et substance », où Bachelard suggère que « le véritable problème chimique consiste à réaliser, à substantialiser une loi pour constituer un colorant »[104] .

Dans *Les intuitions atomistiques* et *Le nouvel esprit scientifique*, Bachelard déclare qu'« un instrument, dans la science moderne, est véritablement un théorème réifié »[105] et que « les instruments ne sont que des théories matérialisées »[106]. Tous les phénomènes scientifiques sont produits artificiellement : « (Avec ces instruments) il ne s'agit pas de reconstruire, par la pensée, le phénomène mêlé et confus, tel qu'il s'offre à nos sens ; au contraire, on ne vise qu'un phénomène précis, schématisé, imprégné de théorie. Non pas *trouvé*, mais *produit*. La science moderne tend de plus en plus à devenir une science d'*effets*. On désigne ces *effets* du nom de leur inventeur. On parle des effets Zeeman, Stark, Compton, Raman…» (IA, 138-139).

Dans *Les intuitions atomistiques*, la *phénoménotechnique* est absente, mais Bachelard continue

---

[104] « Lumière et substance », *Revue de métaphysique et de morale*, 41, 1934, p. 343-366 ; rééd. Dans *Etudes*, Paris, J. Vrin, 1970, p. 45-75 ; sera noté LS.

[105] *Les intuitions atomistiques: essai de classification*, Paris, Boivin, 1933, p. 40 ; sera noté IA.

[106] *Le nouvel esprit scientifique* (1934), Paris, P.U.F., 1978, p. 18 ; sera noté NES.

à analyser l'interaction dynamique établie à tous les niveaux de la théorie et de la technique scientifiques. Dans « L'idéalisme discursif »[107], il dit que la destinée du savant « est une volonté technique » (ID, 90-91) où «peu à peu la culture de l'objectivité détermine un *subjectivisme objectif*» (ID, 92).

Dans *Le nouvel esprit scientifique*, la phénoménotechnique réapparaît, non seulement pour illustrer le rôle créatif de la mathématique dans la construction de la physique, mais aussi comme représentation du rôle de la technologie dans la matérialisation des théories et des objets scientifiques. Développant des analogies entre les techniques mathématiques et les techniques instrumentales, Bachelard dit que le calcul tensoriel est « un instrument mathématique qui crée la science physique contemporaine comme le microscope crée la microbiologie » (NES, 58). Quand on considère des « produits instrumentaux » tels que des photons, des électrons, des atomes, des champs, des courants, nous devrons réaliser qu'ils sont « le sujet logique, et non plus substantiel de la pensée théorique » (NES, 137).

Tout comme l'étude du concept de température dans *La formation de l'esprit scientifique*, et celui de l'atome dans *Les intuitions atomistiques*, *L'expérience de l'espace dans la physique contemporaine* [108] est une digression sur le concept de l'espace. En microphysique, on ne peut pas non plus parler de la localisation précise d'un objet, mais plutôt de « *probabilité de présence* » (EEPC, 29). La nature probabiliste des objets de la science, formulée par

---

[107] « L'idéalisme discursif », *Recherches philosophiques*, 4, 1934-1935, p. 21-29 ; rééd. dans *Etudes*, Paris, J. Vrin, 1970, p. 87-97 ; sera noté ID.
[108] *L'expérience de l'espace dans la physique contemporaine*, Paris, P.U.F., 1937; sera noté EEPC.

le principe d'indétermination de Heisenberg – que Bachelard considère comme « le *principe premier* (qu'il faut mettre) systématiquement à la base des tous nos raisonnements (…) » (EEPC, 40-41) – n'implique pas le rejet de l'objectivité au niveau de l'observation. Cependant, ce principe nous oblige à redéfinir le concept d'objectivité même. D'ailleurs, « la source première de l'objectivité, ce n'est pas l'objet, c'est la méthode objective » (EEPC, 85). Dans *Le nouvel esprit scientifique*, Bachelard dit que, considérant que le savant essaye de réconcilier rationnel et empirique, on ne doit pas distinguer entre « l'esprit scientifique instruit par la mathématique et l'esprit scientifique instruit par l'expérience » (NES, 133).

Dans *La formation de l'esprit scientifique*[109], Bachelard s'intéresse à l'identification de quelques-uns des obstacles épistémologiques au progrès de la science (par exemple, le substantialisme et l'animisme). Quand ils deviennent des convictions statiques, ils échappent au pouvoir critique et alors perturbent le développement de la science dans la direction du rationalisme. Seules les psychanalyses de la connaissance scientifique et l'étude de l'histoire de la science permettent leur destruction. Ceci veut dire que les techniques scientifiques ne sont pas suffisantes pour construire la science, parce qu'elles sont toujours contaminées par les intuitions pré-scientifiques. En effet, ce qui est observé dépend également des métaphores et des systèmes du monde qui, réifiés au niveau des hypothèses, déforment l'interprétation des phénomènes.

Bien que la phénoménotechnique soit absente, la discussion de Bachelard concernant le rôle de

---

[109] *La formation de l'esprit scientifique : contribution à une psychanalyse de la connaissance objective* (1938), Paris, J. Vrin, 1986 ; sera noté FES.

l'instrumentation en physique implique que le concept est présent, cette fois sous la forme de la « phénoménologie instrumentale » (FES, 219). La technologie est si importante en science qu'« on pourrait déterminer les différents âges d'une science par la technique de ses instruments de mesure » (FES, 216). En effet, « la connaissance devient objective dans la proportion où elle devient instrumentale » (FES, 218). L'aspect construit de la science contemporaine vient du contrôle des phénomènes achevés par la mathématique et par les instruments. L'ensemble des procédés de validation, résultant des programmes de recherche élaborés par des savants et standardisés par des instruments, aide à identifier et à rejeter les intuitions pré-scientifiques. Cette forme de « contrôle social » (FES, 241) est la pierre de touche de l'objectivité, la mesure de l'acceptabilité d'un fait en tant que scientifique. Ce qui ne peut pas être matérialisé dans le laboratoire ne peut être assujetti à aucun contrôle social, et pourtant n'a aucune valeur ontologique. *La philosophie du non*[110] développe les mêmes idées concernant la chimie moderne. L'intérêt ici concerne l'évolution et la redéfinition des concepts scientifiques, à leur tour provoquées par l'amélioration graduelle de l'exactitude technologique. La relation ontologique entre les résultats expérimentaux et les opérations qui les produisent (PN, 61) est phénoménotechnique.

1949-1953

Dans les travaux épistémologiques entre 1949 et 1953, Bachelard s'intéresse à la nature dynamique de la connaissance scientifique, et à sa relation avec la construction des entités scientifiques. Les nouveautés de la

---

[110] *La philosophie du non*, Paris, P.U.F., 1940; sera noté PN.

théorie des quanta et l'intérêt de Bachelard pour l'alchimie dans les années précédentes déterminaient deux changements dans son épistémologie : 1. La phénoménotechnique devient une réflexion plus consistante sur les entités théoriques (et pas seulement l'illustration des méthodes scientifiques et des théories techniquement réifiées) ; 2. L'analyse du rôle normatif de la communauté scientifique vis-à-vis des entités scientifiques devient beaucoup plus pertinente.

Le rationalisme appliqué [111] introduit le problème des objectifs dialectiques de la pensée scientifique. Ceci permet à Bachelard de retourner au problème de l'artificialité du réalisme et des relations entre connaissance et technique. Aussi, il lie phénoménotechnique avec agrément tacite. Cela implique la nécessité, pour la communauté scientifique, d'évaluer le degré d'adéquation explicatif des théories, et les implications pratiques de la standardisation des méthodologies scientifiques. L'agrément tacite implique aussi des « censures spéciales » (RA, 79), une constante surveillance intellectuelle, réalisées par l'application de valeurs normatives telles que le contrôle, la vérification, la confirmation (RA, 59) et la corroboration. Les objets produits par l'extension matérielle des propositions théoriques sont des produits d'une phénoménotechnique.

L'objectivité en science devient pour Bachelard l'«objectivité de l'abstrait» (RA, 175). La technologie a un rôle primordial dans la réification des théories. Par conséquent, le pouvoir régulateur et l'esprit de surveillance collective de la cité scientifique deviennent fondamentaux. Bachelard considère la cohérence rationnelle et technique de la communauté des savants comme caractéristique de l'évolution de l'histoire de la socialisation de la science. Cette idée est claire dans

[111] *Le rationalisme appliqué* (1949), Paris, P.U.F., 1975; sera noté RA.

L'activité rationaliste de la physique contemporaine [112] où Bachelard soutient que les faits ne peuvent pas être considérés en dehors de leur « encadrement théorique » (ARPC, 45) et que, « en suivant la physique contemporaine, nous avons quitté la nature, pour entrer dans une fabrique de phénomènes » (ARPC, 10).

Le composant social de la science - des facteurs tels que la collectivisation, la standardisation technologique et la spécialisation qui, historiquement n'ont pas été si cruciaux pour le processus de validation scientifique dans le passé -, est finalement reconnu. Il fait partie de ce que Bachelard appelle le « réalisme conditionné rationnellement » (ARPC, 15), dans lequel les entités théoriques telles que le neutron (ARPC, 114), le neutrino (ARPC 117), le méson (ARPC, 122), le spin (ARPC, 163), et le magnéton deviennent « réels » : ils sont provisoires, provoqués, construits. Ils dépendent d'une « organisation technique » (ARPC, 65). En effet, « dans la phénoménotechnique il faut *constituer* (le phénomène) et en lire les caractères *indirectement*, avec une conscience toujours éveillée de l'*interprétation* instrumentale et théorique, sans que jamais l'esprit ne se divise en pensée expérimentale pure et théorie pure » (ARPC, 92).

Dans *Le matérialisme rationnel*[113], Bachelard s'intéresse une fois de plus au caractère social de la science et de ses techniques de vérification collective. Ce que Bachelard appelle « objectivité sociale » est le résultat de la progressive institutionnalisation de la science. Dans la cité scientifique, la spécialisation et la standardisation sont devenues les marques de la validation des entités théoriques, « le réalisme des objets d'une époque » (MR, 115), leur « garantie sociale » (MR, 77). Ce caractère

---

[112] *L'activité rationaliste de la physique contemporaine*, Paris, P.U.F., 1951; sera noté ARPC.
[113] *Le matérialisme rationnel*, Paris, P.U.F., 1953 ; sera noté MR.

socialisant coïncide avec un accord intersubjectif qui leur donne un statut fonctionnel, aussi bien que temporaire. L'essence construite des substances chimiques coïncide aussi avec l'élimination de la contingence et de l'irrationalité de la science. Dans ce contexte, la phénoménotechnique apparaît une fois de plus comme la transposition du « conditionnement géométrique » de la science (MR, 197) » en productions matérielles permises par l'interdépendance dialectique de la raison et de la technique.

Comme nous l'avons vu, le concept de *phénoménotechnique* a été créé en 1931. À cette époque-là, le concept traduisait seulement l'importance du rôle des mathématiques pour le développement de la microphysique. L'idée que la mathématique est une technique instrumentale utilisée par les sciences contemporaines domine tous les travaux de Bachelard. En essence, la phénoménotechnique a toujours été présente même si, comme je l'ai remarqué au cours de cette étude, le mot est absent des textes. Cependant, la signification du terme évolue considérablement au cours des années. Une fois que Bachelard se dévoue à l'analyse des caractéristiques spéciales de la théorie des quanta et de leurs implications pour le réalisme scientifique, la phénoménotechnique devient bien plus complexe. En effet, elle illustre aussi le fait que la pratique scientifique implique la fabrication d'objets. À son tour, cette activité constructive de la science ne peut pas être séparée des techniques instrumentales, faute de quoi les objets scientifiques eux-mêmes ne pourraient devenir réels. Bachelard commence alors à considérer la phénoménotechnique en un sens plus pragmatique, c'est-à-dire, en tant qu'expression fonctionnelle des relations établies entre la technique scientifique et son pouvoir déterminateur du statut ontologique des objets et des théories.

Bachelard ne sépare pas les produits théoriques tels que la mathématique de leur validation instrumentale. En effet, il considère les instruments comme des théories matérialisées. Ceci veut dire que, pour lui, la technologie est de la science appliquée. Ainsi, la technique inclut la mathématique aussi bien que les instruments proprement matériels. Tous les deux sont utilisés avec profit dans la vérification expérimentale des théories par le savant. Bachelard affirme alors que l'étude de la réalité physique devient techniquement organisée. Ce genre de réalisme, technique et construit, est alors la pierre de touche de l'objectivité scientifique. La connaissance scientifique dépend à la fois des conditions instrumentales et de la contingence de la culture scientifique qui détermine, par agrément tacite, les modes d'interprétation du réel. La technique permet la réalisation des entités scientifiques telles que les électrons et les mésons.

La phénoménotechnique est un travail immense de synthèse scientifique. Considérant la quantité d'œuvres que Bachelard a écrite sur la philosophie des sciences, les répétitions et les hésitations dans la définition du terme sont tout à fait normales. Elles expriment le travail de recherche d'un philosophe courageux qui a suivi de près, avec une curiosité avide, les plus importantes révolutions de son temps. Mais bien que je ne voie pas de problèmes au niveau de la redondance, les ambigüités laissées par la description de la phénoménotechnique ont contribué à la confusion entre le caractère constructif de la science et le rejet de l'objectivité tout court. Cette confusion est à l'origine de la domination du constructivisme et du modernisme dans les études de la science.

En laissant la thèse de la complémentarité de Bohr en dehors de sa description, la phénoménotechnique ne réussit pas à démontrer la différence fondamentale entre le réel scientifique et les produits de l'imagination créatrice du savant. Bachelard s'est rendu compte que la phénoménotechnique ne pouvait incorporer cette démarcation. Comme il a compris que la phénoménotechnique était insuffisante à elle seule, il a insisté sur les relations qui existent entre les obstacles épistémologiques, l'histoire des sciences, la psychanalyse de la connaissance scientifique et, plus tard, les mécanismes de surveillance intellectuelle.

Cette tentative, bien que remarquable pour l'époque, comporte des problèmes structurels. Par exemple, il est difficile d'accepter le rôle normatif de l'histoire des sciences dans un contexte épistémologique qui maintient l'idée que les systèmes de pensée scientifique sont discontinus, et que le passage de l'un à l'autre implique des ruptures épistémologiques avec le passé. La discontinuité et l'impossibilité de faire l'historique qui a conduit au présent immédiat, ont pour conséquence que les suggestions faites par l'historien de la science seront toujours trop tardives pour être d'une quelconque utilité.

Même si l'historien de la science pourrait nous aider à identifier les obstacles épistémologiques au progrès de la science, il sera toujours incapable de nous faire découvrir la source de ces obstacles. Pour Bachelard, les sources des obstacles épistémologiques sont découvertes par la psychanalyse de la connaissance objective. Celle-ci n'a pas de relation évidente avec la psychanalyse classique. De plus, elle n'est pas nécessaire à l'identification des obstacles épistémologiques dans le contexte de la «physique du noyau», parce que « la science du noyau n'a pas d'histoire... cette science offre au philosophe l'occasion d'examiner un franc départ sans avoir besoin d'une psychanalyse des intuitions préalables » (ARPC, 145). Considérant que pour Bachelard ces sciences n'ont pas d'antécédents historiques (il a dit la même chose à l'égard de la Relativité), il est facile de reconnaître que la psychanalyse de la science est inutile dans ce contexte. On ne fait que de la psychanalyse du passé. Si la Relativité et la mécanique quantique n'ont pas d'histoire, cela veut dire qu'elles ne peuvent pas être l'objet d'une psychanalyse. Et c'est pourquoi Bachelard reconnaît lui-même que les «censures spéciales» et la « surveillance intellectuelle » sont fondamentales pour l'éclaircissement de la nature de l'agrément tacite. Elles nous permettent une meilleure compréhension des normes qui font la démarcation entre le réel scientifique et le réel subjectif.

Ainsi le développement conceptuel de la phénoménotechnique coïncide avec le renouvellement d'intérêt que Bachelard a éprouvé vis-à-vis des mécanismes de censure spéciale et de la surveillance intellectuelle au sein de la cité scientifique. Bachelard considérait que le constructivisme des sciences nécessitait une entité régulatrice qui, localisée à l'intérieur même de la cité scientifique, garantirait l'objectivité de la connaissance. Bachelard n'a pas eu le temps de développer cette idée, cruciale pour la cohérence conceptuelle de la phénoménotechnique. Explorer cette idée et l'adapter aux exigences de la philosophie des sciences d'aujourd'hui est la tâche qui nous incombe maintenant.

Chapitre 5 : La présence de la psychologie analytique de C.G. Jung dans l'épistémologie de *La formation de l'esprit scientifique* et de *La psychanalyse du feu*[114]

Les références bibliographiques que Bachelard fait des travaux de Jung sont fréquentes dans ses livres sur l'imagination de la matière tels que *L'eau et les rêves* (1942), *La terre et les rêveries de la volonté* (1947) et *La terre et les rêveries du repos* (1948). Cette tendance se retrouve aussi dans *La flamme d'une chandelle* (1961) et dans les *Fragments d'une poétique* du *feu* (1988). C'est dans *L'eau et les rêves* que Bachelard confesse avoir compris l'importance révolutionnaire des « nouvelles psychologies », car elles démontrent que tout le drame humain se passe « aux confins de l'inconscient et du conscient »[115]. L'ombre de Jung se fait sentir aussi dans l'étude du bestiaire de *Lautréamont* (1940) que Bachelard a entreprise, et où les complexes et les instincts d'agression sont utilisés pour mettre en relief les énergies contradictoires qui émergent des textes d'Isidore Ducasse. Mais avant ces travaux, Bachelard utilise déjà la méthode psychanalytique dans ses livres sur l'épistémologie scientifique, notamment *La formation de l'esprit scientifique* (1938). Ici le nom de Jung est absent. Par contre, *La psychanalyse du feu* (1938), qu'il considère comme une « illustration des thèses exposées dans *La formation de l'esprit scientifique* »[116], est le lieu où, dit-il,

---

[114] Paru dans Martine Courtois (dir.), *L'imaginaire du feu: approches bachelaridiennes*, Jacques André Editeur, Centre Gaston Bachelard, 2007, p. 31-38.

[115] Gaston Bachelard, *L'eau et les rêves*, Paris, José Corti, 1942, p. 65.

[116] Gaston Bachelard, *La psychanalyse du feu*, Paris, P.U.F., 1938, p. 111.

« nous allons réunir et compléter des observations de C.G. Jung en attirant l'attention sur la faiblesse des explications rationnelles »[117] et « où nous proposons comme C.G. Jung, de chercher systématiquement les composantes de la Libido dans toutes ses activités primitives »[118] .

Le poids des convictions psychanalytiques sur l'épistémologie bachelardienne est visible au nombre de concepts que Bachelard tire directement du vocabulaire jungien. « Complexe », « inconscient collectif », « *anima* et *animus* », « extraverti et introverti », et « archétype » sont des termes qui le signalent. De plus, Bachelard décide de psychanalyser des objets plutôt que des individus. Je pense toutefois qu'il y a un autre Jung plus profondément inscrit dans les textes épistémologiques qu'une lecture superficielle ne pourrait déceler.

Je suggère, dans cette étude, de développer l'idée selon laquelle Jung est présent aux niveaux les plus fondateurs de l'épistémologie scientifique bachelardienne. La découverte de ce « troisième Jung » requiert non pas une analyse des parties des textes de Bachelard où l'inspiration jungienne est apparente à cause de la terminologie technique, mais plutôt une herméneutique, faite avec le support des fragments de l'œuvre de Jung, des textes de Bachelard où les traces de la psychanalyse ne sont pas directement perceptibles. On découvre alors que les conceptions de Bachelard sur l'inconscient de la connaissance objective sont imbriquées, à plusieurs reprises, dans la structure de la vie psychique ainsi qu'elle a été décrite par Jung. Cet enchevêtrement de la psychologie analytique et de la formation de l'esprit scientifique, tout comme la tentative extrêmement réussie de Bachelard de faire de la seconde un cas particulier de la première, est vraiment sa « contribution à une

---

[117] *Ibid.*, Bachelard, 1938, p. 47.
[118] *Ibid.*, Bachelard, 1938, p. 61.

psychanalyse de la connaissance scientifique ». Je montrerai aussi la façon tout à fait originale dont Bachelard associe la psychanalyse de la connaissance scientifique et le besoin de construire socialement les objets de la science. La triangulation entre l'inconscient rationnel, les obstacles épistémologiques, et la pensée scientifique discursive est inextricablement liée à l'ontologie scientifique de Bachelard. La relation que Bachelard établit entre les objets de l'esprit et le monde a des conséquences en science. Elle lui fait éviter le relativisme de Jung quand celui-ci affirme l'historicité de la connaissance et la continuité entre le physique et le psychique sans toutefois montrer comment ils permettent l'objectivité en science.

Jung et Bachelard dans les textes

Dans *Métamorphoses de l'âme et ses symboles* (1912), Jung distingue la pensée dirigée ou adaptée et la pensée fantaisiste (ou la rêverie). La première « est un phénomène complètement conscient »[119]. Elle « opère avec les éléments du discours afin de communiquer, (et) elle est difficile et fatigante ; la seconde est sans effort, elle travaille spontanément, avec ses contenus prêt-à-porter, et elle est guidée par des motifs inconscients. L'une produit des innovations et des adaptations, elle copie la réalité, et essaie d'agir ; l'autre tourne le dos à la réalité, libère les tendances subjectives et, en ce qui concerne l'adaptation, elle est improductive [120], car elle correspond à l'ancien état de l'esprit »[121]. C'est par le moyen de la fantaisie que « la pensée dirigée est mise en contact avec

[119] Violet Staub de Laszlo (dir.), *The Basic Writings of C.G. Jung*, New York, The Modern Library, 1993, p. 42.
[120] *Ibid.*, De Laszlo, 1993, p. 27-28.
[121] *Ibid.*, De Laszlo, 1993, p. 40.

les plus vieilles couches de l'esprit humain… Les produits de la fantaisie qui engagent le conscient directement » sont les rêveries, les rêves ordinaires, et les complexes[122]. Bachelard utilise une distinction similaire quand il établit la différence entre la pensée discursive de la connaissance scientifique et la rêverie du sujet solitaire. La rationalisation et l'abstraction sans images demandées par la science impliquent un travail et une discipline énormes de la part du sujet. Quand on fait de la science, ont doit refouler ce qui, dans l'esprit, est plus ancestral, et qui émerge à nouveau et avec toute sa force lorsque l'on sort du laboratoire pour entrer dans la vie ordinaire. Pour Bachelard, on trouve «l'action des valeurs inconscientes à la base même de la connaissance scientifique et empirique»[123]. L'actualisation constante de la rêverie dans l'acte de l'observation première est donc la marque de l'être humain. Comme il le note, « psychiquement, nous sommes créés (…) et limités par notre rêverie, car c'est la rêverie qui dessine les derniers confins de notre esprit »[124]. D'abord, la science « se forme plutôt sur une rêverie que sur une expérience et il faut bien des expériences pour effacer les brumes du songe »[125].

La preuve de l'omniprésence de la rêverie reste aussi dans le fait qu'elle émerge toujours quand la pensée scientifique est suspendue, ou quand le sujet est distrait, fatigué, ou quand il est engagé dans un travail monotone, même s'il est scientifique. Alors, il faut obliger l'esprit « à une pensée discursive qui, loin de continuer la rêverie, l'arrête, la désagrège, l'interdit »[126]. Comme Jung le note, la pensée fantaisiste occupe « une large part de l'homme

---

[122] *Ibid.*, De Laszlo, 1993, p. 42.
[123] *La psychanalyse du feu*, Paris, P.U.F., 1938, p. 27.
[124] *Ibid.*, Bachelard, 1938, p. 181.
[125] *Ibid.*, Bachelard, 1938, p. 48.
[126] *Ibid.*, Bachelard, 1938, p. 108.

moderne et elle apparaît aussitôt que la pensée dirigée disparaît. Le plus faible désintérêt, ou la plus légère fatigue, (en) sont suffisantes (…) »[127]. La rêverie constitue pour Bachelard un des obstacles épistémologiques au développement de la science. Donc, une expérience neutre, qui écarterait du sujet toutes les traces d'ancestralité, est pour lui difficile à atteindre, de même c'est pour Jung une séparation complète, dans le sujet, entre le conscient et l'inconscient.

Pour Jung, la structure de la vie psychique est continue du conscient à l'inconscient. Leur fluidité et inséparabilité sont garanties par une troisième couche située entre les deux que Jung appelle « l'inconscient personnel ». C'est la zone des complexes qui, à leur tour, sont enracinés dans les archétypes de l'inconscient. Les complexes sont la seule façon d'y accéder. Pour Bachelard, l'étude de la pensée scientifique consiste également à identifier indirectement l'archétype, c'est-à-dire l'image « qui a sa racine dans le plus lointain inconscient… qui vient d'une vie qui n'est pas notre vie personnelle et qu'on ne peut étudier qu'en se référant à une archéologie psychologique »[128]. Elle doit alors passer par l'examen « d'une zone moins profonde que celle où se déroulent les instincts primitifs ; et c'est parce que cette zone est intermédiaire qu'elle a une action déterminante pour la pensée claire, pour la pensée scientifique »[129]. C'est la zone de la rêverie, qui correspond à une des réalisations de la fantaisie de Jung. Donc, Bachelard semble être d'accord avec la suggestion de Jung selon

---

[127] Violet Staub de Laszlo (dir.), *The Basic Writings of C. G. Jung*, New York, The Modern Library, 1993, p. 37.
[128] Gaston Bachelard, *La terre et les rêveries du repos*, Paris, José Corti, 1948, p. 263-264.
[129] Gaston Bachelard, *La psychanalyse du feu*, Paris, P.U.F., 1938, p. 29.

laquelle « toute la science est fonction de psychique et toute la connaissance est enracinée en lui »[130]. D'une façon ou d'une autre, la rêverie est une combinaison d'éléments personnels et collectifs d'un inconscient qui « a besoin d'être déchargé »[131]. Si l'on regarde l'histoire du développement de la pensée scientifique, on constate que la décharge la plus forte de cet inconscient se fait à travers l'Alchimie.

Jung et Bachelard voient dans l'Alchimie du XVIIe et du XVIIIe siècles l'exemple parfait d'une connaissance qui, comme Bachelard le note, est « traversée par une immense rêverie sexuelle »[132], qui a ses sources les plus profondes dans l'inconscient[133]. D'ailleurs, la pensée dirigée ou discursive y est absente, parce que l'auto-critique demandée par la science n'existe qu'aux époques les plus anciennes et les plus mythologiques de l'esprit humain que Jung qualifie de classique et Bachelard de pré-scientifique[134], époques où les personnes préféraient diriger leurs énergies créatives vers « un type de pensée plus proche de la pensée fantaisiste »[135]. Comme Jung l'affirme, la pensée dirigée que nous avons aujourd'hui, y compris dans la science, est « plus au moins une acquisition moderne »[136]. À cette époque, ce que l'alchimie offrait à l'homme classique ce n'était pas la

---

[130] Violet Staub Laszlo (dir.), *The Basic Writings of Jung*, New York, The Modern Library, 1993, p. 49.

[131] Gaston Bachelard, *La formation de l'esprit scientifique: contribution à une psychanalyse de la connaissance objective*, Paris, J. Vrin, 1938, p. 209.

[132] Gaston Bachelard, *La psychanalyse du feu*, Paris, P.U.F., 1938, p. 93.

[133] Gaston Bachelard, *La formation de l'esprit scientifique*, Paris, J. Vrin, 1938, p. 47.

[134] *Ibid.*, Bachelard, 1938, p. 7.

[135] Violet Staub Laszlo (dir.), *The Basic Writings of C.G. Jung*, New York, The Modern Library, 1993, p. 30.

[136] *Ibid.*, De Laszlo, 1993, p. 25.

science mais un monde complètement aliéné de la réalité, «correspondant exactement aux fantaisies subjectives»[137]. Bachelard consacre une partie considérable de *La formation de l'esprit scientifique* à caractériser l'esprit pré-scientifique qui émerge de la lecture des textes des alchimistes pour arriver à la même conclusion. Il analyse les documents de la philosophie naturelle jusqu'au XVIIIe siècle pour montrer que l'esprit scientifique est toujours présent dans les textes des penseurs tels que Bacon, Priestley, Boerhaave, et Lavoisier. Cela est possible parce que leur langage, comme Jung le dit du langage en général, « est l'instrument (et la preuve) du développement et de la conservation de l'intention (du sens) psychique »[138]. Là où l'on pense qu'on fait déjà de la science, Bachelard démontre d'une façon convaincante que ce sont toujours des fantaisies collectives qui passent pour la vérité sur la structure du monde. D'ailleurs, elles sont toujours présentes dans l'esprit et dans la science moderne sous la forme de « vagues de fond vivantes »[139], car « les conditions anciennes de la rêverie ne sont pas éliminées par la formation de l'esprit scientifique... La rêverie reprend sans cesse les thèmes primitifs (...) en dépit des succès de la pensée élaborée, contre les instructions mêmes des expériences scientifiques »[140].

L'inconscient collectif se perpétue dans toutes les expressions culturelles, y compris la science où il est déguisé par un collectif plus logique et rationnel. Alors, «ce qui est factice pour la connaissance objective reste (...) profondément réel et actif pour les rêveries

---

[137] *Ibid.*, De Laszlo, 1993, p. 31.
[138] *Ibid.*, De Laszlo, 1993, p. 23.
[139] *Ibid.*, De Laszlo, 1993, p. 29.
[140] Gaston Bachelard, *La psychanalyse du feu*, Paris, P.U.F., 1938, p. 15-16.

inconscientes»[141]. Mais l'histoire démontre aussi pour Bachelard que l'évolution de la science ne correspond pas seulement à un déguisement plus sophistiqué des fantaisies, mais également à une libération graduelle, par l'esprit scientifique autocritique, ouvert et dynamique, des obstacles qu'il voit apparaître toujours dans l'acte de connaître immédiat et premier. D'ailleurs, la pérennité de l'inconscient sous la forme de pensées et d'associations fixes et fantaisistes, la permanence « de l'alchimiste sous l'ingénieur »[142], ou même la vie sourde des croyances du XVIIIe siècle[143] présentes dans l'inconscient collectif, sont aisément identifiées quand on essaie d'enseigner la science aux jeunes gens. De plus, la récurrence des obstacles à la connaissance objective dans l'histoire de la science et dans le développement de la pensée scientifique de l'individu est immédiatement reconnue par Bachelard. Pour lui, « la notion d'obstacle épistémologique peut être étudiée dans le développement historique de la pensée scientifique et dans la pratique de l'éducation »[144], car face au réel «l'esprit n'est jamais jeune. Il est même très vieux, car il a l'âge de ses préjugés»[145]. Il illustre, dans le cas de l'apprentissage de la science, une correspondance entre l'ontogenèse et la phylogenèse. Comme Jung l'a reconnu, il est possible d'observer «le parallèle entre la pensée mythologique de l'homme ancien et une forme de pensée similaire chez les enfants, les primitifs, et dans les rêves»[146].

[141] *Ibid.*, Bachelard, 1938, p. 44.
[142] *Ibid.*, Bachelard, 1938, p. 16.
[143] Gaston Bachelard, *La formation de l'esprit scientifique*, Paris, J. Vrin, 1938, p. 7.
[144] *Ibid.*, Bachelard, 1938, p. 17.
[145] *Ibid.*, Bachelard, 1938, p. 14.
[146] Violet Staub de Laszlo (dir.), *The Basic Writings of C. G. Jung*, New York, The Modern Library, 1993, p. 39.

Ce qui est accepté comme la vérité par un groupe social ou par une culture s'inscrit dans leurs langages et dans toutes les autres formes de communication symbolique qui les caractérisent et devient alors partie intrinsèque du conscient collectif, et donc très difficile à éliminer de la pensée dirigée. Pour Jung, en effet, « ce qui a été suffisamment fort pour former la vie spirituelle d'un peuple n'aurait pas disparu sans laisser vestiges dans l'âme humaine sur quelques générations »[147]. Pour Bachelard, cette espèce de lamarckisme de l'intellect est représentée, dans l'enseignement de la science, par les obstacles épistémologiques qu'on trouve toujours actifs dans l'esprit de l'élève. Ils sont les projections des valorisations ancestrales de l'homme primitif avec ses racines dans l'inconscient collectif, comme l'énergie sexuelle ou le désir de puissance et que Bachelard appelle « la base affective des intérêts »[148]. Ils constituent aussi la marque de l'inconscient collectif de la pensée scientifique des époques antérieures, comme le substantialisme, le vitalisme, et le chosisme, des images qui donnent «une prompte et désastreuse satisfaction aux esprits paresseux»[149]. Tous deux constituent des facteurs de résistance au changement de la pensée commune à la pensée scientifique. Ils provoquent les « difficultés des abstractions correctes, (...) l'insuffisance des premières ébauches, (et) les lourdeurs des premiers schémas »[150] d'explication rationnelle.

La responsabilité de l'éducateur est de décourager les élèves qui ont tendance à lier automatiquement l'objet de la perception immédiate à l'objet scientifique.

[147] *Ibid.*, De Laszlo, 1933, p. 14.

[148] Gaston Bachelard, *La formation de l'esprit scientifique*, Paris, J. Vrin, 1938, p. 9.

[149] *Ibid.*, Bachelard, 1938, p. 226.

[150] *Ibid.*, Bachelard, 1938, p. 6.

Premièrement, cette perception immédiate n'est pas, comme nous l'avons remarqué plus haut, le résultat d'une observation neutre. Jung a souligné que la structure du psychique n'est pas au commencement comme un vase vide mais qu'elle est, au contraire, extrêmement compliquée[151]. Comme Bachelard le note pour le cas de l'esprit scientifique, elle est chargée d'une masse de valorisations affectives[152] et d'un « attachement aux intuitions usuelles »[153] qui sont stabilisées par les complexes de l'inconscient personnel et par la connaissance sanctionnée du conscient collective. En second lieu, elle n'aide pas à former dans l'esprit de l'élève des idées nécessaires à la connaissance scientifique, mais seulement des images actives caractéristiques de la rêverie. D'ailleurs, la « satisfaction immédiate de la curiosité (...), loin de favoriser la culture scientifique, l'entrave »[154]. Le travail de l'éducateur est donc de décourager constamment l'attraction naturelle de l'élève vers les « centres de faux intérêt »[155] qui constituent les phénomènes trop pittoresques[156], et d'encourager à sa place « la mise en forme rationnelle (et explicite) de l'expérience que détermine un problème » scientifique[157]. On doit rompre avec l'objet immédiat, les habitudes de pensée, et les valorisations inconscientes des notions d'unité, de chose, « de totalité, de système, d'élément, d'évolution, de développement» entre

[151] Violet Staub de Laszlo, *The Basic Writings of C. G. Jung*, New York, The Modern Library, 1993, p. 411.
[152] Gaston Bachelard, *La formation de l'esprit scientifique*, Paris, J. Vrin, 1938, p. 54.
[153] *Ibid.*, Bachelard, 1938, p. 225.
[154] Gaston Bachelard, *La psychanalyse du feu*, Paris, P.U.F., p. 29.
[155] Gaston Bachelard, *La formation de l'esprit scientifique*, Paris, J. Vrin, 1938, p. 40.
[156] *Ibid.*, Bachelard, 1938, p. 38.
[157] *Ibid.*, Bachelard, 1938, p. 40.

autres »[158]. Il faut aussi exorciser l'influence de la première approximation, toujours impure, *du psychisme à l'objet*. « Rompre » et « exorciser » constituent ainsi pour Bachelard deux méthodologies à la fois pédagogiques et thérapeutiques de la science moderne.

Pour Jung, le monde physique ne peut être observé qu'à partir du psychique[159]. Aussi, même la connaissance scientifique est construite avec les éléments de la psyché. On ne peut jamais penser en dehors de soi-même. Bachelard adhère à cette idée. En premier lieu il nous dit qu'une théorie qui a été utile dans le passé peut devenir, si elle est transformée en habitude intellectuelle, un obstacle épistémologique au progrès de la pensée. Ici le problème n'est pas tant celui des erreurs du sujet individuel que celui de « régularité dans la dialectique des erreurs »[160] qui vient du conscient collectif. En second lieu, Bachelard ne localise jamais les obstacles que dans l'esprit. Finalement, il remarque que les obstacles comme les erreurs sont essentiels à la production de la connaissance. En effet, il affirme qu'il « ne s'agit pas de considérer des obstacles externes, comme la complexité et la fugacité des phénomènes, ni d'incriminer la faiblesse des sens et de l'esprit humain ; c'est dans l'acte même de connaître, intimement, qu'apparaissent, par une sorte de nécessité fonctionnelle, des lenteurs et des troubles »[161].

La formation défectueuse du psychique ne vient que de l'empreinte de la force de la culture et des normes sociales sur le sujet individuel. Jung affirme alors que «plus le conscient collectif est chargé, plus l'ego perd son

---

[158] Gaston Bachelard, *La psychanalyse du feu*, Paris, P.U.F., 1938, p. 18.

[159] Violet Staub de Laszlo (dir.), *The Basic Writings of C.G. Jung*, New York, The Modern Library, 1993, p. 110.

[160] Gaston Bachelard, *La formation de l'esprit scientifique*, Paris, J. Vrin 1938, p. 20.

[161] *Ibid.*, Bachelard, 1938, p. 13.

importance pratique. Il devient absorbé dans les opinions et les tendances du conscient collectif, et le résultat en est l'homme de masse, la victime toujours prête d'un 'isme' quelconque»[162]. D'ailleurs Jung reconnaît que la tendance à l'unilatéralité dans l'interprétation du monde social et culturel apparaît dans la science moderne avec la même force que dans la science médiévale. Elle correspond aujourd'hui « à une régression dans le développement psychique »[163]. Ce qu'on doit faire alors c'est éviter l'identification complète entre l'ego et la conscience collective[164]. Le danger des habitudes intellectuelles en science et en philosophie des sciences est également évident pour Bachelard. Le substantialisme, l'animisme, le vitalisme, et d'autres 'ismes' tels que le positivisme, le matérialisme, le conventionnalisme, sont devenus pendant longtemps les croyances métaphysiques attachées à un conscient collectif dont les racines sont devenues graduellement invisibles. Ils sont les marques de la pensée sclérosée qui transforme les rêveries de l'inconscient scientifique et de la science périmée en connaissance rationnelle, à la place d'une pensée qui doit être en état de mobilité permanente. La solution est toujours de dire *non* à toutes les connaissances qui semblent absolues. Elles ne sont que les représentations collectives des erreurs ou des cas particuliers d'application scientifique. Elles doivent être dans le premier cas transcendées, et dans le second cas délimitées par des pensées de plus en plus rationnelles.

---

[162] Violet Staub de Laszlo (dir.), *The Basic Writings of C. G. Jung*, New York, The Modern Library, 1993, p. 113.
[163] *Ibid.*, De Laszlo, 1993, p. 115.
[164] *Ibid.*, De Laszlo, 1993, p. 115.

La construction rationnelle des objets et l'objectivité en science

Mais si nous ne pouvons jamais nous libérer de nous-mêmes et des obstacles dans l'acte de connaître, et si le contenu de l'esprit du sujet est toujours un mélange inextricable d'éléments conscients et inconscients face auxquels on reste presque complètement aveugles, alors il semble que toute notion d'objectivité en science est impossible. Jung admet que « seul un objet qui a été postulé peut être complètement expliqué rationnellement, car lui seul n'a jamais contenu rien que ce qui a été postulé par la pensée rationnelle. La science empirique a également postulé rationnellement des objets limités dès qu'elle a délibérément exclu l'accidentel et n'a plus considéré l'objet réel dans sa totalité »[165]. Le problème est que, pour Jung, il n'y a pas, à la limite, d'union (voire de correspondance) entre ces objets et le réel. En effet, la rationalité des objets les distancie de la réalité plutôt qu'elle ne les en rapproche. D'ailleurs il dit que les valeurs objectives dépendent toujours de l'époque où elles émergent. C'est uniquement le moment historique qui les rend objectives : c'est le relativisme[166].

La réponse de Bachelard diffère de celle de Jung en ce qui concerne l'ontologie des objets rationnels, la validité objective des théories scientifiques, de par sa dépendance à l'histoire. Pour lui, les objets de la mécanique quantique sont construits par la raison seule. En tant qu'objets purs, ils ne sont pas liés avec l'inconscient. Contrairement aux objets impurs de l'observation immédiate et de l'âge pré-scientifique, les objets purs de la raison manquent des racines psychiques qui demanderaient à être en connexion avec les complexes

[165] *Ibid.*, De Laszlo, 1993, p. 333.
[166] *Ibid.*, De Laszlo, 1993, p. 334.

et, par leur intermédiaire, avec les archétypes. Mais leur pureté à l'égard de la lourdeur des affectivités de l'ego permet leur approximation au réel. Les objets mathématiques sont les plus objectifs de toutes les créations de l'esprit humain. Quand l'esprit les formule et les vérifient techniquement, il touche en même temps la réalité en dehors de lui-même. Il touche « ce monde inerte qui ne vit pas notre vie, qui ne souffre d'aucune de nos peines et qui n'exalte aucune de nos joies »[167]. Quand la science achève cette union, elle n'est pas relative à l'histoire, mais au contraire trans-historique, sanctionnée une fois pour toutes, complètement objective.

La construction sociale des objets de la science implique la création rationnelle des objets purs, couplée à leur vérification technique par la cité physicienne. Cette construction ne correspond pas à un affaiblissement des critères d'objectivité mais à leur amélioration graduelle. Il est donc possible d'accéder objectivement à un monde physique en dehors du psychique sans toutefois abandonner le subjectif. Avec la science, le sujet peut finalement toucher le monde.

La plupart des philosophes de la science aujourd'hui n'acceptent pas la démarcation entre le sujet et l'objet du positivisme traditionnel. Mais le rejet de cette séparation a soulevé des problèmes nouveaux pour les études scientifiques. Si l'on ne peut pas sortir du point de vue du sujet pour observer le monde d'une façon neutre, et le squelette cognitif et culturel qui les justifie, alors ce qui compte dans la science n'est que ce qui est défini par ceux qui ont le pouvoir politique. De nombreux philosophes ont essayé de sortir de cette conception constructiviste de la science sans tomber de nouveau dans le positivisme. Mais la recherche d'une position intermédiaire entre l'objectivité de la démarcation entre le sujet et l'objet, et la

---

[167] Bachelard, *La psychanalyse du feu*, P.U.F., Paris, 1938, p. 12.

subjectivité de la continuité entre les deux ne m'a jamais paru convaincante. La réponse de Bachelard me semble, au contraire, une démarche positive vers la solution du dilemme entre le positivisme et le relativisme, lorsqu'il démontre que l'objectivité est possible en science et qu'elle est toujours réalisée de l'intérieur du sujet pensant.

Chapitre 6 :
L'Espace physique et l'espace poétique dans la phénoménologie de Gaston Bachelard[168]

Dans la présente étude, je compare l'usage que Bachelard fait du concept d'espace dans *L'expérience de l'espace dans la physique contemporaine* (1937) et celui qu'il a développé vingt années plus tard dans *La poétique de l'espace* (1957). Je démontre que la multiplicité des descriptions que Bachelard jugeait nécessaires pour comprendre les dynamiques de la création des images en science et en art sont analogues plutôt que distinctes. Mon projet semble antithétique à ce que Bachelard lui-même demandait en termes de séparation entre son œuvre d'épistémologue de la science et celui de critique littéraire. En effet, dès l'introduction à *La poétique de l'espace*, il nous avertit : « un philosophe qui a formé toute sa pensée en s'attachant aux thèmes fondamentaux de la pensée philosophique, qui a suivi (...) l'axe du rationalisme croissant de la science contemporaine, doit oublier son savoir, rompre avec toutes les habitudes de recherches philosophiques, s'il veut étudier les problèmes posés par l'imagination poétique »[169]. La rupture entre ces deux modes de réflexion implique la croyance en une démarcation entre pratique scientifique et réalisation artistique. Par conséquent, faire de la philosophie de la science et faire celle de l'art exige de se forcer à regarder dans deux directions opposées.

Cependant, cette démarcation devient très ambigüe dès qu'on se tourne vers la description que Bachelard fait des images en science et en art. Elle suggère que, d'un

---

[168] Paru dans *Cahiers Gaston Bachelard*, numéro spécial (Bachelard et l'écriture), 2004, p. 129-138.

[169] *La poétique de l'espace*, Paris, P.U.F., p.1.

point de vue phénoménologique, l'émergence des images dans l'esprit du sujet scientifique est similaire à celle des images s'originant dans l'âme du sujet poétique. Il en va de même pour les qualités structurelles générales de cette image.

Bohr a remarqué que, en tant qu'isolé, un atome ou un électron n'existe pas au sens commun du verbe «exister»[170]. De la même façon, quand Bachelard se réfère à la production chimique dans le laboratoire, il dit que «certaines substances créées par l'homme n'ont pas plus de réalité que l'*Aenead* ou la *Divine Comédie*»[171], et dans un autre contexte il ajoute que certains objets de la microphysique sont très « vingtième siècle ». Ces affirmations ci-dessous suggèrent leur symétrie ontologique et donc leur relativisme épistémologique. Bien que commode pour les intellectuels désireux de s'approprier l'œuvre de Bachelard pour faire avancer leur programme constructiviste, cette interprétation est tout à fait erronée. La symétrie phénoménologique au niveau de la formation des images en science et en poésie n'entraîne pas la symétrie épistémologique de celles-ci.

Dans *L'Expérience de l'espace dans la physique contemporaine*, Bachelard a remarqué immédiatement la nature flexible des concepts scientifiques modernes, aussi bien que la dynamique de l'esprit travaillant aux niveaux de la physique théorique après Max Planck et de l'hypothèse quantique d'Einstein. L'unité phénoménologique utilisée par Bachelard dans ce livre est celle de la « précision spatiale »[172]. Pour lui, la

---

[170] Davies, P.C.W. et J.R. Brown, *The Ghost and the Atom: a Discussion of the Mysteries of Quantum Physics*, New York, Cambridge University Press, 1986.

[171] *Etudes*, Paris, J. Vrin, 1970, p. 83.

[172] *L'expérience de l'espace dans la physique contemporaine*, Paris, Librairie Félix Alcan, 1973, p. 2.

métaphysique cartésienne implique une démarcation nette entre l'objet d'observation et le sujet observateur, et l'acceptation du caractère absolu de l'espace euclidien. Bien qu'adéquate pour une description philosophique de la physique newtonienne, elle est toutefois insuffisante pour décrire la richesse des modalités de l'espace trouvée dans la théorie des quanta où «les types spatiaux en usage (…) sont des complexes spirituels expérimentaux très travaillés»[173]. En effet, « l'étude topologique des objets qui peuplent l'espace quantique demande l'usage des géométries anti-intuitives et le rejet de la correspondance entre leur image et les objets de la « nature naturelle »[174]. Au niveau des quanta, des objets tels que les particules d'énergie ou des ondes de lumière n'ont pas la définition rigoureuse qui serait d'abord exigée par le réalisme scientifique. Nous ne sommes pas capables de les localiser dans l'espace, ou de les séparer les uns des autres dans un avenir proche. Ils ne peuvent même pas être décrits dans leur dynamique intrinsèque, comme il est facile de le faire dans le cas d'une chose se mouvant d'un point A à un point B de l'espace de notre perception ordinaire. Dans la vie quotidienne, «la localisation (…) est si peux exigeante» qu'un objet «conserve dans toute notre recherche un type et une unité d'existence bien définis»[175]. Mais, dans la mécanique quantique, « l'objet et sa localisation dans l'espace sont fusionnés, le contenant et le contenu inextricablement entrelacés »[176]. L'espace est une entité fictive attachée à une réalité scientifique instrumentale, plutôt qu'une « chose » ayant une existence en dehors de l'esprit scientifique qui l'a créée, et qui resterait pourtant indifférent à l'acte subjectif

---

[173] *Ibid.*, Bachelard, 1937, p. 110.
[174] *Ibid.*, Bachelard, 1937, p. 4.
[175] *Ibid.*, Bachelard, 1937, p. 27.
[176] *Ibid.*, Bachelard, 1937, p. 11.

d'observation. Il offre une explication cognitive du monde, mais il ne peut être réduit à aucun de ses éléments.

La même qualité d'indifférenciation ontologique vaut pour le cas de l'objet quantique, cet objet dilué par un « tremblement essentiel »[177] dans d'autres objets «géométriquement indiscernables de lui-même»[178]. L'objet ici « sera retenu dans l'existence géométrique, et cette sorte de centre de gravité ontologique se présentera comme la racine de l'expérience topologique »[179]. Maximiser la précision de la description de l'objet minimise la précision de sa localisation spatiale. La possibilité de prévoir la localisation perd son statut traditionnel. En face de ce nouveau réalisme, Bachelard annonce qu'on « ne peut correctement parler que d'une *probabilité de présence* »[180]. Le même phénomène a lieu dans la relation qui s'établit entre le concept de point dans l'espace [181] et le concept de trajectoire[182] ou bien dans le cas de l'impossibilité de « décrire en détail la forme d'un micro-objet à l'intérieur d'une cellule de localisation »[183]. Le donné en microphysique n'existe pas, il « ne correspond à aucun cas concret »[184].

Le donné est seulement « une concrétisation de l'abstrait »[185], un objet qui doit toujours être construit[186] lors d'une convergence entre le réalisme et le symbolisme[187]. Comme Bachelard l'affirme, « l'homme

---

[177] *Ibid.*, Bachelard, 1937, p. 10.
[178] *Ibid.*, Bachelard, 1937, p. 59.
[179] *Ibid.*, Bachelard, 1937, p. 6.
[180] *Ibid.*, Bachelard, 1937, p. 29.
[181] *Ibid.*, Bachelard, 1937, p. 71.
[182] *Ibid.*, Bachelard, 1937, p. 83.
[183] *Ibid.*, Bachelard, 1937, p. 70.
[184] *Ibid.*, Bachelard, 1937, p. 106.
[185] *Ibid.*, Bachelard, 1937, p. 116.
[186] *Ibid.*, Bachelard, 1937, p. 123.
[187] *Ibid.*, Bachelard, 1937, p. 98.

s'apprête à tout fabriquer, même l'espace »[188]. Son «espace abstrait-concret»[189] illustre aussi la complémentarité entre l'espace géométrique et l'espace construit au laboratoire.

Dans *La Poétique de l'espace*, Bachelard montre le caractère préconscient des images qui se forment à partir des perceptions naïves de l'enfance et qui après retentissent dans la conscience adulte. Mais la richesse d'effets qu'elles représentent pour l'imagination poétique est en même temps ce qui doit être exorcisé par la pensée scientifique. Tout comme dans le cas de la dualité entre l'onde et la particule, les deux activités s'excluent mutuellement. Toutefois, elles se complètent dans le sens où elles viennent de la même source phénoménologique abstraite-concrète et résistent à une explication purement descriptive[190].

Tout comme dans les études bachelardiennes sur l'espace dans la physique contemporaine, l'espace dans la poétique n'est pas non plus pris comme une entité isolée d'un contexte spécifique. L'espace poétique signifie l'espace habité, l'espace spirituel que notre conscience déforme en espace d'intimité, de sécurité, et de primitivité. Dans le cas de plusieurs maisons qui sont devenues nos demeures au long du temps, « elles ne sont pas tout simplement expérimentées par notre quotidien historique. Elles se compénètrent et gardent les trésors des jours anciens »[191]. Comme la multiplicité des descriptions de la physique contemporaine résume bien l'ontologie dispersée et invisible de l'espace subatomiques, ces images

[188] *Ibid.*, Bachelard, 1937, p. 140.
[189] *Ibid.*, Bachelard, 1937, p. 126.
[190] *La Poétique de l'espace*, Paris, P.U.F., 1970, p. 23.
[191] *Ibid.*, Bachelard, 1970, p. 25.

plurielles de la maison forment conjointement « l'essence de la notion de maison »[192].

En science, la connaissance rationnelle devient statique quand nous brisons artificiellement la complémentarité des diverses images subatomiques et celle qui existe naturellement entre l'action et l'observation. Notre incapacité à décrire la relation dynamique qui s'établit entre les deux implique une perte d'information sur chacun des pôles de cette relation. En poésie, quand nous essayons de rompre la solidarité entre la mémoire et l'imagination[193], nous perdons l'information sur « l'élasticité psychique »[194]de l'image poétique et nous devenons seulement capables de décrire les sensations isolées produites par les objets. La notion de maison, par exemple, est usuellement qualifiée d'objet géométrique utilitaire capable d'une analyse rationnelle. Mais, dans la vie onirique, la maison n'est pas un élément statique. Bien au contraire, pour l'âme poétique la maison est un espace de représentation dynamique entre les valorisations passées, présentes, et futures qui interfèrent, s'opposent, et se stimulent les uns aux autres[195]. La maison est « un corps d'images (…) »[196] Elle est en même temps un « coin du monde et le cosmos »[197]. Ce même phénomène est typique de l'image de la hutte qui doit répondre simultanément aux dualités refuge/échappement, magnificence/simplicité, exactement comme dans le cas de la phénoménologie de la « coquille habitée », où « entrer et sortir ne sont que des images symétriques »[198].

---

[192] *Ibid.*, Bachelard, 1970, p. 24.
[193] *Ibid.*, Bachelard, 1970, p. 25.
[194] *Ibid.*, Bachelard, 1970, p. 25.
[195] *Ibid.*, Bachelard, 1970, p. 26.
[196] *Ibid.*, Bachelard, 1970, p. 34.
[197] *Ibid.*, Bachelard, 1970, p. 24.
[198] *Ibid.*, Bachelard, 1970, p.107.

Dans la science et dans l'art, on assiste à une dispersion d'images[199] et à une «fusion des contraires»[200] qui échappent à une description causale, à l'objectivité, et au déterminisme qui étaient des valeurs normatives établies pour la science newtonienne aussi bien que pour la littérature réaliste. Selon Bachelard, « il faut, tout au contraire, dépasser les problèmes de la description soit objective ou subjective »[201]. Néanmoins, le rejet de l'objectivité traditionnelle n'implique pas la négation de la valeur d'une objectivité quelconque en science ou en art. Elle est dans les deux cas garantie par l'intersubjectivité et l'agrément collectif des esprits et des âmes. Dans le cas des images littéraires, par exemple, « il faut bien (...) leur accorder une certaine objectivité, du seul fait qu'elles reçoivent l'adhésion, l'intérêt, de nombreuses rêveurs. On peut dire que ces maisons en miniature sont des objets faux pourvus d'une objectivité psychologique vraie »[202]. Dans le cas des objets scientifiques, l'objectivité psychologique doit être confirmée par une objectivité instrumentale et par « la surveillance intellectuelle de soi » qui sont toutes les deux garanties par les mécanismes normatifs (et auto-correcteurs) de la cité scientifique. Toutefois, l'existence de ces objets-images[203] est particulièrement difficile à établir en raison de leur fluidité ontologico-psychologique. Même dans le domaine de la science classique, « certaines théories qu'on a pu croire scientifiques, sont de vastes rêveries, des rêveries sans limites »[204].

---

199 *Ibid.*, Bachelard, 1970, p. 23.
200 *Ibid.*, Bachelard, 1970, p. 67.
201 *Ibid.*, Bachelard, 1970, p. 23.
202 *Ibid.*, Bachelard, 1970, p. 140.
203 *Ibid.*, Bachelard, 1970, p. 115.
204 *Ibid.*, Bachelard, 1970, p. 111.

En physique quantique, nous ne pouvons détecter et communiquer que des probabilités de présence. Les images spatiales de la vie onirique deviennent aussi riches que la multiplicité des espaces quantiques. En poésie, ces images transcendent les données du monde des faits. Elles représentent l'unité inextricable et la tension entre l'imagination, la rêverie, et la mémoire. Un état de tension similaire a lieu dans le contexte des relations entre l'onde et la particule, et entre le sujet observateur et l'objet d'observation en mécanique quantique.

Le postulat de la correspondance entre l'image et l'objet du réalisme scientifique ne peut pas faire justice aux relations inaugurées par le surréalisme scientifique. De la même façon, la poésie réaliste est incapable de s'ouvrir au mystère et à la multiplicité des espaces d'irréalité et de rêverie surréalistes. Donc, l'être de l'image poétique est similaire à l'être du micro-objet en ce qu'il ne peut pas non plus n'être que vaguement localisé. Par exemple, l'imbrication de la mémoire déformée de la rêverie avec la rêverie intime nous transporte vers un état d'intimité qui nous permet l'accès aux archétypes universels de notre inconscient. De la même façon, l'espace quantique est un espace abstrait-concret, en poésie « l'image s'établit (...) par le concours de la fonction du réel et de la fonction de l'irréel »[205].

Bachelard dit que l'image positiviste que l'ornithologiste fait d'un nid trouvé dans la nature n'est pas la même chose que l'image du nid donnée par le poète[206]. Le premier doit éviter d'associer le nid aux images de la vieille demeure, du nid calme, de la maison humble, du nid silencieux et de refuge. En poésie, au contraire, « dès qu'on aime une image elle ne peut plus

---

[205] *Ibid.*, Bachelard, 1970, p. 67.
[206] *Ibid.*, Bachelard, 1970, p. 94-95.

être la copie d'un fait »[207]. Toutefois, à l'analogie établie ici par Bachelard pour distinguer les modes de pensée en science et en poésie, nous devons ajouter que le scientifique de la physique contemporaine ne doit pas non plus être comparé à l'ornithologiste, car le premier ne suit non plus la méthode du réaliste qui ne peut jamais nier l'évidence des sens. Au contraire, il doit nier ce qu'il voit pour donner de l'ontologie à ce qui est invisible. En termes de création d'images, le scientifique de la microphysique est bien plus proche du poète surréaliste que du scientifique réaliste.

La relation entre les images poétiques et les archétypes de l'inconscient n'obéit pas aux lois de la causalité parce que « l'acte poétique n'a pas de passé (...) proche le long duquel on pourrait suivre sa préparation et son avènement »[208]. Donc, elle demande une analyse phénoménologique. Une image émerge et retentit subitement dans la conscience, en même temps qu'elle est provoquée par la communication intersubjective entre poète et lecteur. La discontinuité entre la physique classique et la physique moderne et l'absence de passé proche capable d'expliquer l'émergence historique du nouvel esprit scientifique empêchent l'usage de la psychanalyse et du psychologisme pour une compréhension de la théorie quantique. De la même façon, la nécessité de rester à la surface de l'image poétique, dans son existence même, avant qu'elle ne devienne attachée à ses antécédents[209], empêche l'usage de la critique littéraire traditionnelle, de la psychologie, et de la psychanalyse en critique d'art. Elles ne sont pas capables d'évaluer l'ontologie des entités abstraites suggérées par l'art moderne ou par la rêverie. D'ailleurs, la langue qui décrit

---

207 *Ibid.*, Bachelard, 1970, p. 100.
208 *Ibid.*, Bachelard, 1970, p. 1.
209 *Ibid.*, Bachelard, 1970, p, 12.

le monde des quanta n'est que la langue de l'expérience commune. Elle est incapable d'articuler l'état de tension entre des images contradictoires. Les œuvres d'art également, qui sont décrites dans le langage de l'imagination, ne sont que « les sous-produits de cet existentialisme de l'être imaginant »[210]. Elles surpassent en même temps la réalité sensible et notre passé individuel[211]. La fluidité des images formées par la rêverie accepte une dualité du dedans et du dehors, et les images formées par les expériences de la mécanique quantique acceptent la dualité de l'onde et de la particule. Elles représentent aussi une « fusion des contraires »[212]. Dans les deux cas, « l'image plus simple se double, elle est elle-même autre chose qu'elle-même »[213]. À partir de là, peut-on s'approprier l'œuvre de Bachelard pour développer un programme de symétrie épistémologique entre science et non-science?

La similarité formelle et linguistique des images scientifiques et poétiques utilisées par Bachelard vient, je pense, du fait qu'il a entrepris l'analyse de deux horizons intellectuels juxtaposés, la mécanique quantique et le surréalisme, sans peut-être se rendre pleinement compte que la même substance historico-culturelle les alimente tous les deux[214]. De plus, bien qu'il affirme que ses recherches sur la science doivent toujours être distinguées de ses réflexions sur la création artistique, on remarque qu'il développe leurs caractéristiques générales et leurs conséquences sur la pensée philosophique contemporaine

---

210 *Ibid.*, Bachelard, 1970, p. 169.

211 *Ibid.*, Bachelard, 1970, p. 16.

212 *Ibid.*, Bachelard, 1970, p. 67.

213 *Ibid.*, Bachelard, 1970, p. 98.

214 Pour une étude sur l'influence des géométries non-euclidiennes dans les travaux d'Einstein et de Picasso, voir Miller, Arthur I., *Einstein, Picasso : Space, Time, and the Beauty that Causes Havoc*. New York, Basic Books, 2001.

de façon analogue. Le squelette conceptuel autour duquel la science et l'art moderne se constituent est presque le même. Par exemple, Bachelard affirme que la science aussi bien que l'art moderne impliquent tous les deux une destruction des notions de base auparavant acceptées comme absolues et statiques et leur substitution par des notions ambiguës et approximées. Elles partagent le principe de l'incertitude, le renversement des concepts classiques de l'espace et du temps, l'exclusivité mutuelle et la complémentarité des images, et une interaction dynamique entre la conscience du sujet pensant et le monde. Elles rejettent le réalisme naïf, « échappent » à la causalité[215] et au continuisme, résistent à la psychanalyse. Finalement, elles ont en commun l'adéquation à une étude phénoménologique, une ontologie dispersée, la capacité d'être communiquées intersubjectivement et la capacité à être temporairement universalisées par un groupe social restreint. Mais si le modèle qu'il utilise pour faire la description philosophique de la science et de l'art moderne est le même, alors il s'ensuit que peut-être il n'y a pas de séparation cognitive entre la science et l'art, et que les images qu'on décide de faire appartenir à l'un où à l'autre est purement arbitraire et idéologique.

Je pense toutefois que la totalité de l'œuvre de Bachelard légitime une démarcation épistémologique entre les produits de la science et ceux de l'art, en dépit du traitement symétrique qu'il a fait de leurs images et de leurs descriptions formelles et phénoménologiques. Il défend tout au cours de son travail d'épistémologue que la relativité, la mécanique quantique et le calcul probabilistique de la présence des objets et de l'espace subatomiques n'ont pas comme conséquence la mort de l'objectivité des faits scientifiques. Il affirme aussi dans son œuvre de critique littéraire que les propos artistiques

---

[215] Bachelard, *La poétique de l'espace*, Paris, P.U.F., 1970, p.5.

n'ont rien à voir avec ceux de la science. Dans *La Poétique de l'espace*, il dit que « l'imagination ne se trompe jamais, puisque l'imagination n'a pas à confronter une image avec une réalité objective »[216]. C'est lors de la vérification des images et de leur contraste avec une réalité en dehors d'elle-même et en dehors du sujet pensant que l'idée scientifique reçoit sa légitimité ontologique. Bachelard souligne alors que la différence essentielle entre l'image en science et celle en art est que la première est «post-idéative», un résumé de pensée qui illustre et soutient les idées scientifiques, tandis que la seconde est «une image absolue qui s'accomplit en elle-même»[217].

Bachelard dit que « le travailleur scientifique a une discipline d'objectivité qui arrête tous les rêveries de l'imagination »[218]. Au contraire, dans l'attitude poétique, on doit «oublier toutes nos habitudes d'objectivité scientifique (et) chercher les images de la première fois»[219]. C'est donc ce qu'on fait des images après leur émergence dans la conscience qui détermine leur place dans le spectrum épistémologique, leurs limites d'applicabilité et leur fonction sociale.

Ce qui est impératif en science, et n'est absolument pas demandé à l'art, c'est de déterminer quels êtres produits par l'imagination créatrice permettent une explication objective du monde physique. Dans *L'expérience de l'espace dans la physique contemporaine*, Bachelard s'est d'abord intéressé à une analyse phénoménologique des objets spatiaux plutôt qu'aux relations entre théorie physique et application pratique. Mais il reconnaît qu'il faut que les scientifiques choisissent, parmi la multiplicité des théories et des

---

[216] *Ibid.*, Bachelard, 1970, p. 144.
[217] *Ibid.*, Bachelard, 1970, p. 144.
[218] *Ibid.*, Bachelard, 1970, p. 146.
[219] *Ibid.*, Bachelard, 1970, p. 146.

images que l'esprit invente, celles qui se prêtent à «former notre expérience physique»[220]. Ce choix relève de la nécessité de l'expérimentalisme même dans un contexte théorique comme celui de la mécanique quantique.

Bien évidemment, si l'existence des êtres dépend de l'axiomatique et de la technologie scientifique, et si l'expérimentation est toujours influencée par les théories qui la guident, alors il s'ensuit que la correspondance doit être remplacée par la complémentarité. Mais l'objectivité de la connaissance scientifique n'est pas disqualifiée avec le rejet de la correspondance. Les théories acceptées par la cité scientifique comptent comme une explication provisoire du réel. Mais, contrairement aux arguments soulevés par les constructivistes, elles ne sont pas de la fiction et leur confirmation n'est pas simplement partie quasi-arbitraire du « système d'inscription littéraire » du laboratoire[221]. Elles sont objectives dans la mesure où elles sont « rectifiées » par l'expérimentation qui est guidée par ces théories-mêmes et par une technologie qui est pour Bachelard une extension de l'esprit plutôt que de l'œil. Elles ne sont pas le reflet d'une correspondance naïve entre l'espace imaginaire et l'espace physique, mais celui d'une complémentarité entre les images dualistiques de l'espace physique imaginaire et l'explication de l'espace physique concret.

Comme Bachelard l'affirme, « tout projet est une contexture d'images et de pensées qui suppose une emprise sur la réalité »[222]. Toutefois, et contrairement à la flexibilité sans limites des images poétiques, les images scientifiques sont limitées, après leur production mentale,

---

[220] Bachelard, *L'expérience de l'espace dans la physique contemporaine*, Paris, J. Vrin, 1937, p. 22.
[221] Latour, B. et Steve Woolgar, *Laboratory Life: The Construction of Scientific Facts*. Princeton University Press, 1979, p. 88.
[222] *Ibid.*, Bachelard, 1970, p. 202.

par leur besoin d'être sujettes à une multiplicité de confirmations instrumentales. Même si, comme l'affirme Bachelard, les instruments sont des théories matérialisées, ils sont néanmoins sujets aux lois de la physique. Ils deviennent alors les mécanismes adéquats pour vérifier la légitimité ou la fausseté épistémologiques des images qui émergent de la conscience.

Les constructivistes rejettent la démarcation entre science et non-science à cause de leur symétrie causale. Bachelard, au contraire, défend leur démarcation. Mais il défend simultanément l'unité phénoménologique de leurs images. Donc, le surrationalisme est analogue au surréalisme mais seulement dans le sens où, comme celui-ci, il doit soutenir la fluidité de la raison et de la sensibilité[223] pour orienter de la même façon, comme celui-ci, « le rationalisme du passé de l'esprit à l'avenir de l'esprit »[224]. Le surrationalisme doit être, au niveau de la formation des images dans l'esprit scientifique, aussi libre de considérer toutes les possibilités offertes par l'imagination créatrice que le surréalisme l'est pour l'âme poétique. Dans les deux cas on doit, comme Breton l'a remarqué en 1924, résister au contrôle de ce qui est établi pour donner de la réalité aux formes qui ont été préalablement négligées par une pensée hostile à tout développement intellectuel[225]. Alors, selon les mots de Bachelard, « on établira une *raison expérimentale* susceptible d'organiser surrationnellement le réel comme le *rêve expérimental* de Tristan Tzara organise surréalistiquement la liberté poétique »[226]. La réduction phénoménologique des êtres de la science et de l'art

---

[223] Bachelard, *L'Engagement rationaliste*, Paris, P.U.F., 1972, p. 7.

[224] *Ibid.*, Bachelard, 1972, p.7.

[225] Breton, André, *Manifestoes of Surrealism*, Ann Arbor, University of Michigan Press, 1972, p. 6 et p. 26.

[226] *Ibid.*, Bachelard, 1972, p. 8.

modernes s'accorde toujours avec la différentiation épistémologique et fonctionnelle qui a lieu après l'événement extraordinaire qu'est leur création spirituelle.

Troisième partie :

Bachelard et les critiques de la science

Chapitre 7 : Les épistémologies de Bachelard, de Popper, de Polanyi et de Kuhn dans le contexte des études critiques de la science[227]

L'épistémologie de Bachelard a déjà conquis une place d'honneur en dehors de la tradition en philosophie des sciences pendant le siècle dernier, notamment si l'on considère la prévalence en ce temps-là du positivisme en Europe et surtout en Amérique. Cependant, la perception qu'on a toujours d'une marginalisation de l'œuvre de Bachelard face à cette tradition n'implique pas son isolement intellectuel complet. La présente étude fait la liaison entre l'épistémologie de Bachelard et celles de Karl Popper, de Michael Polanyi et de Thomas Kuhn.

Popper a publié ses travaux sur la philosophie de la science presque pendant la même période que Bachelard. La *Logik der Forschung zur Erkenntnistheorie der modernen Naturwissenschaft*, par exemple, a paru en 1934, l'année du *Nouvel esprit scientifique*. Et bien que Popper n'ait pas eu l'occasion de connaître ce livre, Bachelard a écrit en 1936 un compte rendu de la *Logik* pour le journal *Recherches philosophiques*[228]. Curieusement, il n'a pas mentionné dans sa revue la coïncidence entre sa position et celle de Popper au niveau de la critique de l'absolutisme, du dualisme, de positivisme, du conventionnalisme et du psychologisme en philosophie des sciences. Il n'y a pas reconnu la réaffirmation de Popper de ses préoccupations plus

---

227 Paru dans F. Bonicalzi et Carlo Vinti (dirs.), *Ri-Comminciare : Percorsi i attualità dell'opera de Gaston Bachelard*, Milano, Jaca Book, 2004, p. 205-217.

228 G. Bachelard, « Karl Popper. Logik der Forschung zur Erkenntnistheorie der modernen Naturwissenschaft », *Recherches Philosophiques*, V (1936-1937), p. 446.

spécifiques, y compris la méthode scientifique et la défense de l'objectivité dans un contexte d'approximation par rapport à une vérité qui n'est jamais proprement en dehors d'un schéma explicatif. Une étude de la *Logik* démontre toutefois que la falsification, le rationalisme critique, et les conjectures intrépides («bold conjectures») de Popper ne sont pas essentiellement différents de la rectification, du rationalisme ouvert, et de la valeur de l'inférence déductive que Bachelard était en train de développer dès *l'Essai sur la connaissance approchée* (1928).

Popper affirme que la falsification des hypothèses signifie la testabilité et la décidabilité partielle, et la testabilité pour Bachelard consiste dans la rectification empirique[229], la révisibilité[230], ou la « vérification approchée » des théories[231]. Donc, la vérification n'est ni la validation ni la confirmation des hypothèses. Comme Popper le remarque aussi, « les théories scientifiques ne sont jamais justifiables ou vérifiables, mais (...) elles sont néanmoins testables »[232]. D'une façon analogue, Bachelard écrit que dans la science physique moderne, «validation et vérification cessent d'être synonymes. Notre connaissance est encore valable pour des buts spécifiés, mais elle ne peut plus être rigoureusement vérifiée ; absolument parlant, elle n'est même pas vérifiable, puisque l'expérience minutieuse rend de plus en plus sensibles les aberrations»[233].

---

[229] G. Bachelard, *Le nouvel esprit scientifique*, P.U.F., Paris, 1978, p. 17.

[230] *Ibid.*, Bachelard, 1978, p. 152.

[231] G. Bachelard, *Essai sur la connaissance approchée*, J. Vrin, Paris, 1987, p. 273.

[232] K. Popper, *The Logic of Scientific Discovery*, Hutchinson, London, 1959, p. 44.

[233] Bachelard, *Essai sur la connaissance approchée*, p. 273.

Le rejet par Bachelard de la correspondance entre les concepts scientifiques et la réalité, ainsi que sa critique de la représentation (ou théorie de la correspondance)[234] et de l'« échec irrémédiable » de la connaissance[235] l'on conduit à construire le concept de « connaissance approchée ». Ce terme est semblable à l'Annahrung poppérienne entre connaissance et vérité, et à l'affirmation dans la *Logik* selon laquelle « on ne peut pas jamais avoir des déclarations finales en science »[236]. Bachelard lui aussi reconnaît que ce que les scientifiques approchent n'est pas une vérité absolue mais une incorporation toujours incomplète mais perfectible du formalisme mathématique et de la testabilité instrumentale. Dans *Le nouvel esprit scientifique*, il commente que « le sens du *vecteur* épistémologique (...) va sûrement du rationnel au réel et non point, à l'inverse, de la réalité au général »[237]. Les modèles mathématiques imposent des squelettes explicatifs à la réalité, mais après ils sont rectifiés avec l'aide des conditions instrumentales diverses qui rendent possibles la détection des phénomènes[238]. La réalité n'est pas donnée, elle est construite, car « le donné est (...) essentiellement tardif. Nous devons le placer où nous le rencontrons, quand il fait enfin obstacle à l'idée c'est-à-dire à l'instant où l'idée éprouve des difficultés insurmontables à informer l'expérience ou plutôt à réformer l'expérience »[239].

La science travaille contre la nature, les instruments sont des extensions de l'esprit et la science est la «réalisation du mathématique»[240]. Bachelard semble

[234] *Ibid.*, p. 296.
[235] *Ibid.*, p. 277.
[236] Popper, *The Logic of Scientific Discovery*, p. 47.
[237] Bachelard, *Le nouvel esprit scientifique*, p. 8.
[238] Bachelard, *Essai sur la connaissance approchée*, p. 297.
[239] *Ibid.*, p. 275.
[240] Bachelard, *Le nouvel esprit scientifique*, p. 8.

s'accorder avec Popper quand il indique que la méthodologie scientifique n'est pas simplement une induction mais une inférence à partir des principes et des hypothèses qui sont testés pour confirmer leur pouvoir explicatif[241]. Bachelard ajoute que la Relativité est un mode de pensée inductive mais que c'est la déduction qui démontre la fertilité de ses conséquences[242]. Il semble alors que le rôle donné par Popper aux conjectures en science correspond à l'intuition bachelardienne de la valeur heuristique de l'induction, qu'il qualifie de « thèse antécédente », de « plan d'observation » polémique[243], et de « projet bien étudié »[244]. Elle précède, inspire, et justifie l'instrumentalisme de la science empirique. La vérité est « la rectification historique d'une erreur », et l'expérience est la « rectification d'une illusion »[245]. Donc, « une expérience qui ne rectifie aucune erreur, qui est platement vraie, sans débat, à quoi sert-elle ? Une expérience *scientifique* est alors une expérience qui contredit l'expérience commune »[246]. Cette définition correspond à la falsification poppérienne, selon laquelle une expérience ne confirme pas une théorie mais doit en démontrer les défauts.

Dans *l'Essai sur la connaissance approchée* (1928), Bachelard compare l'induction avec la conceptualisation, et il utilise la première pour éteindre l'argument du caractère approximatif de la science. Pour lui, l'induction est un principe rationnel qui s'applique au réel et non pas une synthèse de l'expérience. D'abord, « une induction par

---

[241] *Ibid.*, p. 19.
[242] *Ibid.*, p. 180.
[243] *Ibid.*, p. 16.
[244] *Ibid.*, p. 13.
[245] *Ibid.*, p. 177.
[246] G. Bachelard, *La formation de l'esprit scientifique: contribution à une psychanalyse de la connaissance objective*, J. Vrin, Paris, 1986, p. 10.

infirmation paraîtra plus décisive et plus pure qu'une induction par confirmation »[247]. Cette position est plus proche de la méthodologie déductiviste en tant que falsification que de la méthodologie inductiviste en tant que vérification. De plus, s'il y a une rupture entre la science et le réalisme naïf, alors le commencement de la science n'est pas la réalité mais la raison. L'induction est une tendance à généraliser avant la vérification expérimentale, et elle est la « possibilité d'un idéal » qui n'est pas instruit par l'expérience[248]. Alors l'induction bachelardienne devient imbriquée avec les conjectures et raisonnement déductif poppériens. Ce chevauchement est évident quand Bachelard qualifie l'induction présente dans les doctrines relativistes d'induction *a priori*[249].

Une des préoccupations de Bachelard est de défendre l'objectivité en dépit des ruptures épistémologiques et du discontinuisme des systèmes de pensée dans l'histoire des sciences physiques, et en dépit du besoin de substituer l'idéologie laplacienne par une métaphysique de l'approximation. Le renversement du déterminisme classique n'implique pas pour lui l'invasion de l'indéterminisme, et le renversement de l'objectivité ne correspond pas non plus à l'affirmation du relativisme. Le développement de la science coïncide avec une amélioration dans la compréhension de la nature et des structures cognitives de la connaissance. Cela ne veut pas dire que les entités de la physique ou de la chimie sont «réelles» dans le sens de leur correspondance directe avec les objets du monde. Les entités de la physique quantique, par exemple, manquent une ontologie concrète. En effet, leur ontologie provisoire est « conditionnée par

---

[247] Bachelard, *Essai sur la connaissance approchée*, p. 137.

[248] G. Bachelard, *La valeur inductive de la relativité*, J. Vrin, Paris, 1929, p. 143.

[249] *Ibid.*, p. 11.

l'expérience technique »[250], et par l'histoire de la science. Mais elles sont néanmoins des instruments d'explication puissants. L'objectivité devient alors une objectivité de dérivation et de complémentarité. Le changement de systèmes implique un changement parallèle des règles d'acceptation des théories, de leur adéquation à l'expérience, et des épistémologies localisées. Ainsi, bien que la science quantique établisse les limites de l'applicabilité de la science newtonienne, la seconde ne devient relative qu'au niveau même de cette délinéation d'horizons de recherche. Comme Bachelard le note, « la mécanique newtonienne reste valable dans sa sphère bien désignée d'application »[251]. Le principe d'incertitude, que Bachelard voit à la base de toute expérience physique, ne dénie pas l'objectivité dans un contexte de pure probabilité, ou dans un contexte où les phénomènes du monde macrophysique sont substitués par les objets d'une « phénoménotechnique ». À ce niveau-là, ce sont les résultats instrumentaux qui permettent aux savants d'atteindre à des degrés approximatifs de description qui sont encore objectifs mais qui dépendent de la non-séparabilité entre la théorie et l'expérimentation qui est par elle guidée.

L'aspect construit que Bachelard considère caractéristique de la science moderne a été interprété par les constructivistes sociaux comme indicatif du relativisme en science. Il s'accorde avec eux sur le fait que l'explication des entités et des faits scientifiques ne survit qu'au-dedans des systèmes théorético-expérimentaux. Toutefois, dans *La formation de l'esprit scientifique* (1938) il ajoute, pour éviter le danger du relativisme,

---

[250] G. Bachelard, *L'activité rationaliste de la physique contemporaine*, P.U.F., Paris, 1951, p. 127.

[251] G. Bachelard, *L'engagement rationaliste*, P.U.F., Paris, 1972, p. 95.

qu'on doit faire une distinction entre le besoin de neutralité de l'historien qui collectionne des documents scientifiques, et le devoir de jugement normatif de l'épistémologue qui doit identifier les pas en avant, les ruptures, et les causes de stagnation ou de progrès de la pensée objective[252]. Donc l'erreur des constructivistes, c'est qu'ils infèrent de la neutralité de l'histoire le relativisme cognitif des systèmes de pensée qu'elle contextualise.

Popper se voit lui aussi dans l'obligation de défendre l'objectivité des théories scientifiques face aux accusations de relativisme de la part des sociologues de la science de son temps. Son propos implique de démontrer que les relativistes qualifient d'objectivité de façon analogue aux positivistes, et qu'après ils se servent de la faute de conformité entre la pratique scientifique et cette définition fictive de la science pour classifier la connaissance scientifique comme arbitraire. Dans « Against the sociology of knowledge » (1945), Popper affirme que l'objectivité scientifique est garantie par « le caractère publique de la méthode scientifique » et le « libre criticisme »[253]. L'attitude est donc de tout critiquer et d'utiliser l'expérience comme juge impartial dans les débats. En science, tout homme qui apprend « la technique de compréhension et d'essai des théories scientifiques peut répéter les expériences et en juger pour lui-même »[254]. Dans *The Myth of the Framework* (1965), il s'efforce comme Bachelard l'a fait plus tôt, de montrer que l'impossibilité de faire de la science en dehors d'un système explicatif quelconque, ne signifie pas que les systèmes sont arbitraires ou qu'on ne peut pas déterminer

---

[252] Bachelard, *La formation de l'esprit scientifique*, p. 17.
[253] K. Popper, «Against the sociology of knowledge», in David Miller (dir.) *Popper Selections*, Princeton, 1985, p. 366-378.
[254] *Ibid.*, p. 372-373.

la supériorité des uns vis-à-vis des autres. En effet, c'est la tension qui émerge de la discussion rationnelle et critique qui permet la découverte de la « meilleure explication » en science[255].

L'aspect public de la science que Popper fait entrer dans la justification de l'objectivité de la pratique scientifique, et qui relève de l'importance de la tension et du conflit pour l'activation du rationalisme critique, est aussi la technique utilisée par Bachelard quand il nous offre sa réflexion sur ces aspects les plus « sociologiques » de la science. Ce type de préoccupation devient crucial à partir du *Rationalisme appliqué* (1949), mais il est déjà présent d'une façon moins explicite dans d'autres parties de son œuvre, notamment dans *La formation de l'esprit scientifique*, quand il réfléchit sur l'importance d'identifier les obstacles épistémologiques responsables de la stagnation de la connaissance scientifique. Malheureusement, il ignore les grands débats épistémologiques de son temps qui pouvaient l'aider à illustrer le besoin dans le domaine de la science de la tension essentielle des esprits scientifiques. Tel est le conflit entre Einstein et Bohr, ou le changement radical de la position de Louis de Broglie vis-à-vis de l'Interprétation de Copenhague de la théorie quantique. Mais cela ne signifie pas qu'il ne reconnaît pas le besoin, pour le développement de la science, du conflit entre systèmes explicatifs. Il pense d'abord que « la fonction de la raison est de provoquer des crises »[256] et de « multiplier des points de vue »[257]. Il nous parle aussi du conflit des méthodes et de l'importance cruciale de la réorganisation de la connaissance, de la rivalité et de la coopération entre

---

[255] K. Popper, *The Myth of the Framework: in Defence of Science and Rationality*, Routledge, New York, 1994.
[256] Bachelard, *L'engagement rationaliste*, p. 27.
[257] *Ibid.*, p. 34.

l'expérience et la théorie[258]. À ce niveau-là, on trouve toujours l'évidence des axiomes, des synthèses qui viennent doubler le réel, et les subites inversions de la pensée»[259].

Bien que le langage ci-dessus semble indiquer que ces processus émergent d'un esprit abstrait, et donc qu'ils sont des mécanismes prédéterminés et au-delà des individus qui les rendent possibles – ce qui serait d'abord un des péchés de la tradition positiviste -, l'intention de Bachelard est de faire noter la présence constante des tensions dans l'esprit du scientifique en tant qu'être humain. Il y a néanmoins des contextes où Bachelard est plus incisif dans sa reconnaissance de l'importance de cette tension de perspectives et de la présence de la discussion et de l'articulation des positions parmi des scientifiques réels pour activer les principes auto correcteurs de la science. Dans *Le rationalisme appliqué*, il affirme que « le propre des événements de la raison est d'être communicables, qu'ils font précisément preuve de rationalité par leur action très caractéristique en interpsychologie. Ils absolvent autrui des erreurs ou, par eux, autrui les absout de nos erreurs. Ils sont parmi les événements du je-tu ceux qui portent la certitude de réduire les erreurs d'un troisième sujet (…) les événements de la raison réalisent la triangulation des consciences »[260]. L'intersubjectivité est donc intrinsèque à la méthode scientifique et la marque de sa modernité.

Comme pour Popper, le métier du scientifique implique pour Bachelard l'apprentissage de l'attitude critique et ouverte. Mais, bien qu'elle rende possible l'acceptation individuelle d'une « meilleure explication », elle n'est pas suffisante pour garantir l'entente tacite de la

---

[258] Ibid., p. 37.

[259] Bachelard, *Le nouvel esprit scientifique*, p. 138.

[260] G. Bachelard, *Le rationalisme appliqué*, P.U.F., Paris, 1949, p. 44.

cité physicienne[261]. On exige alors que la découverte soit rectifiée par les autres chercheurs de la discipline. La validité rationnelle d'une théorie ou d'une expérience n'est pas trouvée en dehors de la communauté des scientifiques et donc indépendamment des valeurs épistémiques «externes » au sujet et que Bachelard appelle de « non-moi scientifique» de la « *problématique constituée* »[262]. La socialisation de la vérité scientifique apparaît alors à la fin d'une dialectique représentée dans « le cogito d'induction mutuelle obligatoire »[263]. En effet, il dit, « comment ne pas poser la *coexistence* d'une pensée commune quand c'est du *tu* que me vient la preuve de la fécondité de ma propre pensée ? »[264] Donc, c'est « dans le *je-tu* de la pensée rationaliste qu'apparaissent le contrôle, la vérification, la confirmation »[265].

Bachelard réfléchit sur les sujets ci-dessus d'une façon systématique qu'aucun autre épistémologue avant ou après lui. Toutefois, Bachelard et Popper ne sont pas les seuls philosophes de la science du vingtième siècle à débattre la question du dialogue et de la tension en science et de leur rôle dans la formation de l'objectivité que le consensus épistémique de la communauté disciplinaire représente. Dans *Personal Knowledge* (1958)[266], Michael Polanyi s'efforce aussi de trouver une épistémologie qui incorpore le rejet de la conception traditionnelle

---

[261] *Ibid.*, p. 3.

[262] Ibid., p. 51 ; dans *l'Essai sur la connaissance approchée*, Bachelard note déjà que « la connaissance est toujours (...) en référence à un domaine antécédent, à un corps d'éléments dont on admet la rationalité et par rapport auquel on mesure la légère aberration des faits » (p. 243).

[263] *Ibid.*, p. 58.

[264] *Ibid.*, p. 59.

[265] *Ibid.*, p. 58-60.

[266] M. Polanyi, *Personal Knowledge: Towards a Post-Critical Philosophy*, University of Chicago Press, Chicago, 1962.

d'objectivité en faveur d'une position d'équilibre entre l'engagement vers une connaissance impersonnelle qui est à la base du désir d'universalité de la science, et l'engagement personnel de la passion intellectuelle qui soutient cette responsabilité. Comme Bachelard et Popper, il reconnaît que sa position « post-critique » de non-démarcation entre objectif et subjectif peut être erronément classifiée comme relativiste[267]. Il s'efforce alors de démontrer que la présence constante du sujet dans l'acte de connaître – qui entraîne avec lui sa passion intellectuelle – et le sens de la responsabilité vers un savoir qu'il voit comme indépendant de lui-même, crée la possibilité de la subjectivité ou de la pure illusion.

Une des parties de la pensée de Polanyi qui ressemble le plus à l'épistémologie de Bachelard, et que Kuhn s'appropriera plus tard, est le mouvement dynamique établi entre l'adhésion à l'autorité institutionnelle de la science, « la soumission aux critères scientifiques impersonnels[268], et l'ouverture d'une connaissance individuelle qui peut être appelée à rompre avec la première ou à être subjuguée. D'ailleurs, la «triangulation des consciences» représentée dans la dialectique bachelardienne par la « surveillance intellectuelle de soi » correspond à la position de Polanyi selon laquelle il y a toujours en science une « tension inéluctable entre notre conviction de savoir quelque chose et le fait de réaliser que nous pouvons aussi être dans l'erreur. Mais jamais, en aucun cas, un observateur externe de cette relation ne pourra comparer la connaissance de la

[267] Pour un traitement plus exhaustif du rejet de la dichotomie entre le sujet et l'objet en science, voir Norwood Russell Hanson, *Patterns of Discovery: An Inquiry into the Conceptual Foundations of Science*, Cambridge, 1958. Ce livre a exercé une grande influence sur les travaux de Thomas Kuhn.

[268] Polanyi, *Personal Knowledge*, p. 302-303.

vérité d'une autre personne avec la vérité elle-même. Il ne pourra que comparer la connaissance de la vérité de cette personne avec sa propre connaissance de cette vérité »[269]. Ces déclarations ressemblent à celles de Bachelard quand il réfléchit sur la valeur épistémique du consensus intersubjectif pour l'objectivité scientifique d'un système qui ne peut pas être évalué d'un point de vue métalinguistique. D'abord, ils reconnaissent tous les deux que ce consensus ne correspond pas tout simplement à un « agrément sur une observation commune »[270]. Cette solution temporaire, que Bachelard a appelé la «triangulation des consciences» et Polanyi « l'ajustement mutuel des normes », ne représente pas la victoire d'une position individuelle sur les autres. Elle est plutôt une synthèse interprétative qui correspond à une « évaluation commune d'un domaine intellectuel (…) ou chaque participant peut entendre et juger seulement une très petite portion »[271].

Polanyi parle du rôle de la « passion persuasive » dans la résolution des controverses en science, du phénomène de la « conversion » des scientifiques – des termes que s'est également approprié Kuhn -, et du conflit entre des visions scientifiques rivales qui ont entre elles une « lacune logique »[272]. Bachelard n'utilise pas le concept de « persuasion » ou celui de « conversion ». On peut toutefois reconnaître leur présence dans le contexte de la surveillance intellectuelle de soi - le « cogito d'obligation mutuelle » dont nous avons déjà parlé – où il faut que les scientifiques se « convainquent » mutuellement d'avoir conquis un certain degré d'approximation par rapport à la vérité qui constitue la

[269] *Ibid.*, p. 305.
[270] *Ibid.*, p. 217.
[271] *Ibid.*, p. 217.
[272] *Ibid.*, p. 152.

meilleure solution. D'abord, Bachelard affirme qu'on «peut *obliger* à la constatation (...) ; j'ai les moyens de te forcer à penser ce que je pense. En effet, tu penseras ce que j'ai pensé dans la mesure où je t'instituerai conscient du problème dont je viens de trouver la solution»[273].

Tout comme Bachelard et plus tard Kuhn, Polanyi est très critique en ce qui concerne la tendance des philosophes de la science à admettre que la science des livres représente fidèlement la pratique scientifique, tout comme leur croyance à la réductibilité de la méthode scientifique à une adéquation étroite entre l'expérimentation et la pensée logique. Polanyi affirme alors qu'une grande partie de l'apprentissage d'un métier, y compris celui du scientifique, dépend d'une connaissance « tacite » qui ne peut jamais être verbalement articulée par les spécialistes d'une discipline. La seule façon de transmettre cette connaissance est par l'observation a-critique, de la part de l'apprenti, des actions du maître[274]. Bachelard ne parle pas de connaissance tacite. Mais sa critique des philosophes qui se limitent à étudier la science organisée sans connaître la science en train de se faire, la science en action[275], indique une intuition semblable. En effet, la compréhension de la pratique scientifique implique pour lui que le philosophe doit aller à l'école avec les scientifiques. Donc, un élément d'irréductibilité de la science à sa narration exige une observation *in loco*, une espèce d'ethnométhodologie qui complète la science livresque[276]. D'ailleurs, le besoin

---

[273] Bachelard, *Le rationalisme appliqué*, p. 58.
[274] Polanyi, *Personal Knowledge*, p. 53.
[275] Le terme « science in action » est de Bruno Latour. Voir B. Latour, *Science in Action : How to Follow Scientists and Engineers Through Society*, Harvard University Press, Cambridge, 1987.
[276] Cette intuition de Bachelard est encore plus intéressante quand on réalise que son apprentissage scientifique est presque exclusivement

d'une psychanalyse de la connaissance et des objets de la science va de pair avec la préoccupation de Bachelard pour les obstacles inconscients, et donc invisibles, qui sont caractéristiques de toute culture scientifique. On peut faire la spécification suivante : bien des éléments positifs de la science appartiennent également à ce niveau psychique, car ils influencent la pratique de la science mais ne peuvent pas être articulés par les scientifiques qu'ils guident.

Polanyi et Bachelard reconnaissent donc l'importance de la tension des points de vue, la résistance au changement de perspectives, une certaine faiblesse du raisonnement logique lorsqu'il s'agit de résoudre les conflits sur l'interprétation de l'évidence, et l'impossibilité de faire si ce n'est à l'intérieur d'un système de pensée. Dans *The Logic of Liberty* (1949), Polanyi représente bien la position de Bachelard et celle de Popper quand il affirme: « quand on adopte une façon de regarder les choses, on détruit simultanément une autre alternative quelconque de les voir. Ceci est la raison pour laquelle la controverse ouverte est délibérément utilisée comme méthode de découverte de la vérité »[277]. La réponse de Kuhn est semblable.

Kuhn n'était que superficiellement familiarisé avec l'œuvre de Bachelard, et Bachelard ne connaissait Kuhn avant leur rendez-vous à Paris qu'à travers une lettre d'introduction d'Alexandre Koyré. Il est presque certain que Kuhn n'a pas identifié l'intérêt de Bachelard pour la tension qui existe entre les différents systèmes de pensée. Dans *La formation de l'esprit scientifique*, par exemple, Bachelard nous montre comment les obstacles

---

livresque. Voir Carlo Vinti, « Bachelard : le livre scientifique et le livre onirique », in *Cahiers Bachelard.*

[277] M.Polanyi, *The Logic of Liberty : Reflections and Rejoinders*, University of Chicago Press, Chicago, 1949, p. 20.

épistémologiques et d'autres mécanismes de résistance au changement limitent l'émergence de nouveaux mode de penser le réel.

Il est presque certain que Bachelard n'a pas eu l'opportunité de se familiariser avec la thèse kuhnienne de l'incommensurabilité des paradigmes. D'abord, elle relève d'un type de relativisme épistémique qui n'est pas si évident dans le discontinuisme de Bachelard. Il y a aussi des choses qu'ils partagent. Ainsi de la critique du caractère spéculatif de la philosophie de la science traditionnelle ; le rôle à la fois heuristique et conservateur de la résistance au changement de squelette cognitif ; et la tension dans le choix des théories et des entités en science. D'ailleurs, la complémentarité entre Bachelard et Kuhn au sujet du conflit et de la tension entre différents points de vue est aussi saisissante que celle que l'on trouve entre Bachelard et Polanyi.

Dans les derniers chapitres de *The Structure of Scientific Revolutions* (1962), Kuhn réfléchit sur l'importance de la discussion, du conflit, et de la rhétorique pour le développement de la science. Pour lui, la rhétorique – un des concepts qu'il a repris à Polanyi – est essentielle pour faciliter la conversion des scientifiques à un paradigme qui est logiquement et empiriquement incommensurable avec celui où ils font de la science «normale». Le problème c'est que « le transfert de l'alliance d'un paradigme vers un autre est une expérience de conversion qui ne doit pas être forcée. La résistance perpétuelle (...) n'est pas une violation des critères scientifiques mais une indication de la nature de la recherche scientifique elle-même »[278].

La permanence d'un système de pensée atteste de la légitimité de ses problèmes et de ses solutions, et

[278] Thomas Kuhn, T*he Structure of Scientific Revolutions*, University of Chicago Press, Chicago, 1970, p. 154.

détermine des « compromis » - un autre terme de Polanyi – de la part des scientifiques. Simultanément, ces compromis laissent la majorité d'entre eux au stade de l'impossibilité de voir le monde d'une façon cognitivement incommensurable, ou même la volonté de le faire. Ceci explique la résistance au changement de paradigmes même quand les signes de leur affaiblissement deviennent indéniables. Donc, pour Kuhn la pratique scientifique est génératrice de deux positions cognitives qui s'excluent mutuellement, d'un côté l'acceptation des règles de la communauté des scientifiques, et de l'autre le besoin de la transcender en faveur d'un système de pensée incompatible avec le premier. Ce phénomène est aussi identifié par Bachelard quand il affirme dans *La formation de l'esprit scientifique* que ce qui a constitué des habitudes intellectuelles cruciales, « utiles et saines » pour le développement de la science dans un période déterminée peut devenir des obstacles à l'avancement de la connaissance[279], et que l'éducation du scientifique doit passer en même temps par l'« attitude polémique » d'exigence d'ouverture à la nouveauté des points de vue et par l'apprentissage de la science sanctionnée[280].

Mais c'est dans *The Essential Tension* que la position de Kuhn sur la question de la nécessité fonctionnelle du conflit et de la tension en science coïncide de plus près avec celle de Bachelard. Kuhn reconnaît que la polémique est toujours à la base du changement et de l'évolution en science, et qu'elle a une place non seulement dans l'esprit de l'individu qui fait de la recherche scientifique son métier, mais aussi au niveau du groupe. Ce qu'il appelle « la tension essentielle » représente la dichotomie, qui existe au sein du groupe des scientifiques et dans l'esprit d'un seul scientifique, entre

---

[279] Bachelard, *La formation de l'esprit scientifique*, p. 14.
[280] *Ibid.*, p. 20.

pensée convergente et pensée divergente[281]. Curieusement, Bachelard utilise l'expression quand il demande qu'on inverse la phénoménologie de l'être humain pour comprendre « l'essentielle tension » de la force de la pensée dynamologique[282]. Dans *Le rationalisme appliqué*, il affirme aussi que la présence ambivalente de cette tension quand « le disciple désire la surveillance et en même temps la redoute (...). Il y a une juste mesure difficile à maintenir entre le besoin d'aide et le besoin d'autonomie »[283].

Quoi qu'il en soit, tous les deux admettent que la marque de l'innovation radicale, et donc le potentiel de réorganisation discontinue de la pensée, est plus souvent rencontré dans le groupe qu'il ne l'est dans l'esprit de chacun des individus qui le composent. Bachelard dit, par exemple, que « à moins d'être Einstein ou d'être Louis de Broglie! – on n'ouvre pas comme cela une perspective essentiellement nouvelle! »[284] À son tour, Kuhn explique que « strictement parlant, c'est le groupe professionnel plutôt que le scientifique professionnel qui doit manifester ces deux caractéristiques » de penseur traditionaliste et de penseur iconoclaste[285], mais que nous devons «essayer de comprendre comment ces deux façons de résoudre des problèmes superficiellement discordants peuvent être réconciliés dans l'individu aussi bien qu'au sein du groupe»[286].

C'est la tension entre des points de vue à l'intérieur du sujet pensant aussi bien qu'à l'intérieur du groupe qui, obligeant la reformulation, l'articulation, la considération

---

[281] T. Kuhn, *The Essential Tension: Selected Studies in Tradition and Change*, University of Chicago Press, Chicago, 1977, p. 225-239.
[282] Bachelard, *L'engagement rationaliste*, p. 36
[283] Bachelard, *Le rationalisme appliqué*, p. 76.
[284] Bachelard, *L'engagement rationaliste*, p. 53.
[285] Kuhn, *The Essential Tension*, p. 227-228.
[286] *Ibid.*, p. 237.

des objections, et la conscience des biais individuels et de la résistance au changement, permet l'approximation de la meilleure explication que Bachelard, Popper, Polanyi et Kuhn considèrent comme fondamentales pour l'objectivité intersubjective d'un système de pensée. Bachelard consacre le chapitre «La surveillance intellectuelle de soi» à l'examen de la triangulation des consciences qu'il a mentionné plus tôt dans *Le rationalisme appliqué*. Il reconnaît dans le sujet connaissant le dualisme psychique du contingent et du normatif[287], et donc la nécessité de «mettre au clair la division du moi et du sur-moi, de manière à instituer en nous la vie franchement dialoguée»[288]. Cette intuition est déjà présente dès l'*Essai*, quand Bachelard mentionne le besoin d'un consensus qui correspond à « la convergence de toutes les voies du raisonnement » en science.[289]

Ces thèmes constituent, à mon avis, la contribution la plus importante de Bachelard aux études contemporaines de la critique de la science et à la normativité de la recherche scientifique. Un programme systématique de critique ouvert en science est essentiel, tout particulièrement dans les cas, bien plus fréquents et caractéristiques en science que son image traditionnelle ne le fait penser, d'ambiguïté, d'incertitude, et de controverses au niveau de l'interprétation des résultats expérimentaux et du choix des théories. Ils ne peuvent être résolus d'une façon satisfaisante – ce qui signifie consensus ou agrément des esprits envers ce qui est objectif – qu'en faisant référence à la tension, au conflit, à la complémentarité entre la tradition et l'innovation, et à la coopération et à la compétition entre scientifiques. La vérité doit alors être trouvée à l'intersection virtuelle du

---

[287] Bachelard, *Le rationalisme appliqué*, p. 66.
[288] *Ibid.*, p. 71.
[289] Bachelard, *Essai sur la connaissance approchée*, p. 270.

moi-scientifique et du non-moi institutionnel. J'espère que mon étude ouvre de nouvelles voies de recherche qui mettent en relief l'appartenance de Bachelard, Popper, Polanyi, et Kuhn, à un courant d'antitraditionnalisme dans la philosophie des sciences, et aussi qu'elle démontre sa richesse pour les études critiques de la science de tendance non-relativiste et pour la normativité de la science contemporaine.

Chapitre 8 : La philosophie ouverte de Bachelard et de Gonseth face à Kuhn[290]

Introduction

Cette étude offre une explication des modèles du développement de la science de Bachelard, Gonseth et Kuhn. J'indiquerai leurs similarités et singularités. Une première lecture de l'œuvre de ces philosophes-historiens de la science justifie le même type d'appropriation de leurs idées par les constructivistes sociaux. Une seconde lecture montre comment ces trois penseurs donnent à la science « la philosophie qu'elle mérite » (Bachelard) en relevant les conséquences, pour l'objectivité, la rationalité et la vérité de nos constructions conceptuelles, des révolutions (Kuhn), les métamorphoses (Gonseth) que la connaissance scientifique a connues au cours de son histoire. Si les images graphiques des modèles de Bachelard, Gonseth et Kuhn sont incompatibles, les mécanismes inhérents à leur description de la science en action sont largement commensurables. Chacun offre des perceptions uniques sur la structure, la dynamique, et les horizons épistémologiques de la science. Celles-ci doivent être envisagées non pas comme étant en opposition mais de façon complémentaire. Je montrerai l'utilité de cet «éclectisme d'ouverture» ou comment les parties spécifiques des trois modèles constituent une espèce de «lunette» privilégiée d'accès aux facettes de la pratique scientifique que les autres laissent en second plan sans pourtant les ignorer. Conjointement, ils représentent une posture « post-constructiviste » rétroactive de conciliation

[290] Paru dans Emery, Eric (dir.), *Pensée et science au XXe siècle*, vol. 1, Lausanne : L'Âge de l'Homme, 2006, p. 62-86.

entre l'universalité cartésienne et le relativisme universel des catégories épistémologiques soulevées par la science en action. Finalement, je fournirai un guide préliminaire et je soulèverai certains problèmes à poursuivre à la faveur d'études interdisciplinaires de la science.

Problématique

Trois philosophes différents : un même destin historique

Bien qu'il y ait un écart de plus d'une génération entre Gaston Bachelard (1884-1962), Ferdinand Gonseth (1890-1975), et Thomas Kuhn (1922-1996), leur contribution à un changement radical dans la philosophie et l'histoire des sciences reste parallèle. Bachelard et Gonseth ont provoqué une révolution dans la philosophie de la science européenne en suggérant des modèles alternatifs au modèle traditionnel du positivisme logique et du réalisme, qui avaient été initiés par des philosophes tels que Léon Brunschvicg et Henri Bergson ; modèles alternatifs aussi au positivisme d'Auguste Comte, au continuisme historique d'Emile Meyerson et au positivisme du Cercle de Vienne. Une quarantaine d'années plus tard, Kuhn défiait de façon similaire les fondements de la philosophie des sciences aux Etats-Unis. La tradition américaine en philosophie des sciences était l'héritière du positivisme du Cercle de Vienne tel qu'il a été développé par Carl Hempel et Rudolph Carnap, émigrés aux Etats-Unis pendant la Seconde Guerre Mondiale. Leur attention se tourna vers la normativité de la philosophie de la science, la structure logique du langage scientifique, et la démarcation entre science et métaphysique. C'était le contexte de la justification qui les intéressait, celui de la découverte se révélant trop résistant à l'analyse logique. Bachelard, Gonseth, et Kuhn croyaient au contraire à l'importance des processus qui se dégagent de la science en train d´être construite, et à la possibilité d'y accéder.

Bachelard, Gonseth et Kuhn : sociologues de la science avant la lettre

Il y a des sociologues de la science qui considèrent que l'œuvre *The Structure of Scientific Revolutions* (1962) de Kuhn a provoqué presque toute seule l'émergence de leur discipline[291]. Il y a aussi des philosophes et des scientifiques qui accusent Kuhn de renforcer les tendances relativistes qui ont préludé à la crise des sciences contemporaines[292]. Un quart de siècle après leur création, des concepts bachelardiens tels que la «phénoménotechnique» ont été utilisés par les sociologues de la science Bruno Latour et Steve Woolgar en vue de développer leur programme constructiviste[293]. Mais, bien que visiblement sociologiques et psychologiques, les travaux philosophiques de Bachelard et de Gonseth défendent l'objectivité et la rationalité en dépit des mutations radicales que l'histoire de la science a mise en évidence. Ils seraient surpris, tout comme Kuhn, de voir leurs travaux au service du relativisme scientifique[294]. Kuhn s'est exprimé de façon moins décisive que

---

[291] «Obituary», *Social Studies of Science*, vol. 27 (1997): 483-502.

[292] John Horgan, *The End of Science : Facing the Limits of Knowledge in the Twilight of the Scientific Age*, 1996, New York, Broadway Books, p. 32.

[293] B. Latour et S. Woolgar, *Laboratory Life: the Social Construction of Scientific.Facts*, 1986, New Jersey, Princeton University Press.

[294] Voir la réaction de Kuhn vis-à-vis les sociologues de la science dans T. Kuhn, *The Trouble with the Historical Philosophy of Science*, 1992, Cambridge, Harvard University Press (The Trouble); curieusement, la première édition de *The Structure of Scientific Revolutions* a été publiée dans *l'Encyclopedia of the Unified Sciences*, le journal officiel du positivisme logique.

Bachelard et Gonseth sur les sujets ci-dessous parce qu'il a choisi de réfléchir plus ouvertement à des questions telles que « l'invariance des valeurs, la subjectivité, la communication partiale »[295] laissant de côté l'approche philosophique plus conventionnelle. Mais il s'est soucié tout de même des critères rationnels du choix des théories, de l'articulation entre la théorie et l'expérience, et du rôle que la nature y joue.

Une première lecture des travaux de Bachelard, Gonseth et Kuhn justifie leur appropriation intellectuelle par les sociologues de la connaissance scientifique. Cette attitude n'est pas surprenante. Dans un entretien à la fin de sa vie, Kuhn lui-même a dit qu'en lisant un peu Bachelard[296], il a trouvé les pensées bachelardiennes si semblables aux siennes qu'il se demanda si cela valait la peine de continuer à le lire[297]. Une seconde étude plus approfondie démontre néanmoins qu'elles ne sont pas au service du relativisme scientifique, et qu'un éclectisme de compromis entre les trois positions de Bachelard, Gonseth et Kuhn est plus réalisable que leur incompatibilité d'images le laisse deviner.

Trois philosophes de la science en action

Bachelard, Gonseth et Kuhn sont devenus de vifs critiques des philosophes qui pensaient qu'il était possible de formuler des énoncés normatifs sur la science tout

---

[295] T. Kuhn, *The Essential Tension : Selected Studies in Scientific Tradition and Change*, 1977, Chicago, Chicago University Press, p. 334; (ET)

[296] Probablement l'*Etude sur l'évolution d'un problème de physique : la propagation thérmique dans les solides* (1928); (EEPP).

[297] T. Kuhn, « Paradigms of scientific revolution » dans G. Borradi, *The American Philosopher*, 1994, Chicago, The University of Chicago Press, p. 160.

simplement à partir des « manuels de classe »[298]. Pour Kuhn, ils sont utiles comme « véhicules de perpétuation de la science normale »[299], mais ils ne sont pas des témoins fidèles des mécanismes complexes qui caractérisent le contexte de la découverte ou des «processus de décision»[300] qui sous-tendent le choix de théories scientifiques. Bachelard critique les livres de physique[301] et Gonseth fait la distinction entre l'idée que les philosophes et les savants ont de la science et ce qui constitue la vraie «pratique de la recherche scientifique»[302]. Pour eux, l'étude de la science ne peut être séparée des conditions psychologiques et sociales de sa construction. Kuhn rejette la distinction entre le contexte de la justification et celui de la découverte[303], et Gonseth met en garde contre l'erreur d'avoir des philosophes d'une science factice[304] en lieu et place d'une philosophie ouverte qui représente la science en devenir. Une partie de ce projet les amenait à utiliser la psychologie et la psychanalyse (de Piaget, de Jung, et le gestaltisme) pour faire émerger les mécanismes mentaux du scientifique et du groupe des chercheurs aux moments les plus créatifs et les plus résistants au changement provoqué par la perspective cognitiviste.

---

[298] T. Kuhn, *The Structure of Scientific Revolutions*, 1996, Chicago, The University of Chicago Press, p. 10. (SSR)
[299] SSR, p. 137.
[300] ET, p. 327.
[301] G. Bachelard, *La formation de l'esprit scientifique: contribution à une psychanalyse de la connaissance objective*, 1938 (1972), Paris, J. Vrin, p. 24. (FES)
[302] F. Gonseth, « La question de la méthode en psychologie » (1949), dans *Le problème de la connaissance en philosophie ouverte*, 1990, Lausanne, L'Âge de l'Homme, p. 7. (*Problème*)
[303] ET, p. 327; SSR, p. 8.
[304] F. Gonseth, *La géométrie et le problème de l'espace*, Neuchâtel, Editions du Griffon, p. 583. (*Géométrie*)

Les philosophes du Cercle de Vienne et de la philosophie de la science aux Etats-Unis étaient intéressés par l'analyse de la structure logique du langage des sciences exactes. Kuhn spéculait que le fait qu'on ait négligé le rôle de l'histoire dans la philosophie de la science aux Etats-Unis mettait en évidence la séparation académique entre l'histoire et la philosophie[305]. Mais la tradition française (et je pense aussi la tradition suisse) ne connaissait pas une telle séparation. Les philosophies de Bachelard et de Gonseth ont une base historique forte. Influencé par les philosophes Brunschvicg, Lovejoy, Koyré[306], et aussi Meyerson et Fleck[307], Kuhn a vu l'importance de l'histoire pour donner confirmation aux modèles philosophiques de la science. Mais, ici encore, Bachelard, Gonseth et Kuhn diffèrent de la majorité des philosophes-historiens de leur époque. Bien que Meyerson, Duhem et Comte se soient servis de l'histoire des sciences pour développer leurs modèles continuistes et cumulatifs, ce sont Bachelard, Gonseth et Kuhn qui ont fait prendre conscience des discontinuités, des ruptures, des crises, des mutations et des tensions dans le développement scientifique. Pour eux, la philosophie de la science doit traduire la mobilité de l'« esprit scientifique », le postulat métaphysique de non-systématisation, le refus de toute « fermeture » que les philosophes doivent accepter et les scientifiques exiger d'eux-mêmes.

Gonseth a dit que, dans l'histoire de la science, il y a des épisodes qui sont l'expression des « crises de légitimité » de la connaissance, et révèlent que les «référentiels» scientifiques sont fluides, toujours ouverts. Bachelard y voyait le signe des ruptures successives entre le sens vulgaire et la connaissance scientifique ; il croyait

---

[305] ET, p. 4.
[306] ET, p. 11.
[307] SSR, p. 8.

que les référentiels rendaient nécessaires une «déformation des concepts primordiaux toujours considérés comme immobiles»[308]. Kuhn parlait de révolutions comme succession d'épisodes d'incommensurabilité des systèmes explicatifs. Les crises de la géométrie, de la logique, de la physique et de la chimie ayant comme conséquence une crise métaphysique et catégorielle des philosophies de la science traditionnelle, les trois proposaient la substitution par un nouveau vocabulaire interdisciplinaire fidèle à la dynamique spirituelle et scientifique.

Les attitudes parallèles de Bachelard, Gonseth et Kuhn face à l'utilisation de l'histoire, de la psychologie et de la sociologie comme instruments méthodologiques de l'étude de la « construction rationnelle de la science »[309] en action aboutissent à des parallélismes locaux surprenants dans l'horizon de leurs modèles d'évolution de la science. Il y a des conceptions de Gonseth qui convergent avec celles de Bachelard, et des positions de Kuhn qui semblent n'être que de simples élaborations des philosophies de Gonseth et de Bachelard. Ensemble, les trois constituent une espèce de « Manifeste de la science », la preuve que les renversements du savoir n'aboutissent pas au rejet de l'objectivité et par conséquent qu'ils rejettent le relativisme, le scepticisme, et le solipsisme.

Trois modèles d'évolution scientifique

Gaston Bachelard

Le « rationalisme appliqué » est un des noms que Bachelard a donné à la philosophie qui doit être mis à la base d'une nouvelle réflexion sur la dynamique de la connaissance scientifique. Il est convaincu que l'histoire de la science montre la nature dialectique et non-neutre de

---

[308] FES, p. 7.
[309] ET, p. 14.

la relation entre la théorie et l'expérience. Le résultat de «l'échange sans fin» qui s'établit entre un « réel inépuisable »[310] qui « n'existe pas » en dehors d'un système théorique et empirique qui lui donne sens, et d'une raison qui « multiplie » les objections et nous «force à penser»[311], se manifeste sous la forme d'une «connaissance approchée». Celle-ci requiert une redéfinition de la causalité, de l'objectivité, du déterminisme, du réalisme, de la raison, etc., à savoir une redéfinition des concepts dont la philosophie traditionnelle a donné une définition rigide. Bachelard les reformule et restaure la dignité épistémique du projet scientifique menacé par l'apparent relativisme et le subjectivisme des sciences, telles que la relativité et la mécanique quantique.

Le développement de la science coïncidant avec la conquête d'approximations de plus en plus fines mais toujours localisées, la connaissance progresse par dépassement de degrés de connaissance et par des «emboîtements successifs»[312]. Chacun provoque une «rupture épistémologique» avec le savoir antérieur sans que celui-ci ne devienne erroné. En effet, chaque modification dans la connaissance est accomplie par deux voies en corrélation mutuelle. L'une d'elles implique la correction des inexactitudes qui relèvent de la subjectivité, des préjugés de la culture scientifique, de l'état de la technologie, et d'autres « obstacles épistémologiques » externes à l'acte de la connaissance, mais inhérents au degré d'approximation et difficiles à extirper de la connaissance et de l'esprit du chercheur. Ici la conquête

---

[310] G. Bachelard, *Essai sur la connaissance approchée*, 1927 (1970), Paris, J. Vrin, p. 267 et p. 261. (ECA)

[311] G. Bachelard, *Le rationalisme appliqué*, 1949, Paris, P.U.F., p. 58. (RA)

[312] G. Bachelard, *Le nouvel esprit scientifique*, 1934 (1878), Paris, P.U.F., p. 42. (NES)

des obstacles témoigne que le degré d'approximation se resserre quantitativement. L'autre voie est radicale, car elle implique une rupture avec la connaissance établie et avec la formation d'un « profil épistémologique » nouveau, d'un état plus complexe et progressif de l'évolution d'une science. Par exemple, le «système de Newton représente la première approximation de notre connaissance mécanique des phénomènes de la gravitation, alors que le système d'Einstein réalise une connaissance mieux dominée, plus fine, plus complète»[313]. Dans ce cas, on change de qualité d'approximation, ce qui à son tour révèle des obstacles correspondants, car « le profil épistémologique porte les marques des obstacles qu'une culture a dû surmonter »[314]. Les deux degrés qualitativement distincts incorporent ainsi des concepts dont la richesse empirique et la capacité de transformation de leur origine historique permettent leur permanence en dépit des ruptures et libèrent de certains modes de pensée. Quoi qu'il en soit, ce n'est pas le réel, c'est de l'explication, de la description et de la vérification du réel dont on s'approche.[315]

Il résulte de la relation instrumentale entre la théorie et l'expérience dans la science moderne un « réalisme construit »[316] et une « objectivité d'encadrement »[317]. La vérification empirique devient alors fondamentale, elle détermine la validité matérielle des énoncés et des objets théoriques. Sans cette concrétisation de l'abstrait, le

---

[313] G. Bachelard, *La valeur inductive de la relativité*, 1929, Paris, J. Vrin, p. 13. (VIR)

[314] G. Bachelard, *The Philosophy of No: a Philosophy of the New Scientific Mind*, 1940 (1968), Boston, Beacon Press, p. 43. (PN); ceci est ma traduction.

[315] VIR, p. 203.

[316] ECA, p. 186.

[317] G. Bachelard, *L'expérience de l'espace dans la physique contemporaine*, 1937, Paris, P.U.F., p. 86. (EEPP)

système n'est qu'un songe dans l'esprit du scientifique[318]. La spécification de l'instrumentation et la requête de vérification organisent l'expérience d'un meilleur degré d'approximation, lui donnent une consistance épistémique, et font émerger l'obstacle d'un « durcissement psychologique » au dépassement de degré[319]. À la limite, elles sont sur le chemin d'une rupture avec le savoir établi. C'est aussi à cause de l'intérêt pour les ambiguïtés et les imprécisions inhérentes à l'acte même de connaître que Bachelard souligne l'importance – à ce niveau fonctionnel – des obstacles épistémologiques, du rôle heuristique de l'erreur et d'une sorte de « déterminisme instrumental » dans le contexte de la science en action au sein de la cité physicienne.

Tout le développement de la connaissance scientifique passe par la transcendance d'obstacles épistémologiques tels que l'opinion, les habitudes intellectuelles, l'affectivité, le réalisme, l'animisme, le substantialisme, etc. Leur fonction est relative au contexte où ils se manifestent. D'une part, ils provoquent un aveuglement de la part du scientifique, des erreurs qu'une ouverture à la connaissance détecterait facilement. Dans ce cas, il faut les psychanalyser et utiliser d'autres techniques nécessaires pour « réduire le rôle su sujet »[320]. D'autre part, il n'est pas certain que toutes les habitudes intellectuelles soient des obstacles, surtout si elles manifestent une validité locale. Le problème est que les habitudes peuvent devenir des obstacles quand on les applique à des niveaux de connaissance différents de ceux où elles sont opérantes.

Bachelard dit que « des habitudes intellectuelles qui furent utiles et saines peuvent, à la longue, entraver la

---

[318] ECA, p. 270.
[319] NES, p. 87.
[320] ECA, p. 247.

recherche »[321]. Si chaque degré de connaissance réclame des « ordres de pensée entièrement hétérogènes »[322], et non simplement une continuité de systèmes, une accumulation de savoir, ou une rectification des principes[323], Bachelard n'explique pas en détail comment la pensée d'un niveau déterminé peut être aliénée par les obstacles et par les habitudes positives d'un autre niveau qui est en rupture avec lui.

Quoi qu'il en soit, il essaie de faire une démarcation de ce genre quand il spécule sur la catégorie des obstacles qui causent l'inertie de la connaissance[324] face à la transition entre des types de connaissance discontinus, et les obstacles qui ne sont jamais vraiment en dehors ou au-dedans du sujet, mais au sein du « point de contact entre l'esprit et les choses »[325]. La « nécessité fonctionnelle » que Bachelard voit dans ces derniers obstacles vient du fait que l'acte de connaître dépend d'une base épistémique quelconque, laquelle n'est cependant ni neutre ni complètement bien faite. On tient là un socle dont on part, et l'on vérifie le « caractère essentiellement accidentel de la recherche », représenté entre autres par « notre équation personnelle, nos obstacles théoriques »[326].

Les erreurs en science ont aussi besoin d'être identifiées, car elles ferment une pensée qui doit être au contraire « ouverte et dynamique »[327]. Toute connaissance, qu'elle soit immédiate ou déjà scientifique, porte en elle des erreurs à rectifier[328]. La vérification empirique,

---

[321] FES, p. 18.
[322] VIR, p. 43.
[323] NES, p. 46.
[324] FES, p. 13.
[325] EEPP, p. 67.
[326] EEPC, p. 24.
[327] FES, p. 18.
[328] FES, p. 211 et p. 239.

«instant décisif de la connaissance de la réalité»[329], n'est que la « rectification » des erreurs et de la subjectivité des connaissances déjà faites et des ambigüités inhérentes à l'acte de connaître[330]. L'erreur peut être théorique ou se présenter comme une «fausse perspective de vérification»[331]. Ainsi, l'image de l'atome de la physique moderne ne résulte que de « la somme des critiques » et des objections émises au sujet de sa première représentation[332].

Curieusement, tout comme les anomalies pour Kuhn, une erreur peut devenir une vérité lorsqu'on réussit à l'intégrer dans un système explicatif cohérent. Ici la rectification n'est pas une simple question de correction, mais d'ouverture à un nouvel emboîtement conceptuel et empirique. La dynamique interne de l'esprit scientifique en relation dialectique avec l'observationnel se manifeste, entre autres, dans les « brusques contradictions expérimentales », les «doutes sur l'évidence des axiomes», les « synthèses qui viennent doubler le réel », et « les subites inversions de la pensée »[333]. L'accès au réel s'effectue par l'intermédiaire des abstractions rectifiées par un concret qui a été sélectionné comme significatif pour un niveau d'interrogation particulier. Il s'ensuit que le concept d'objectivité doit être réformé en vue de satisfaire aux conditions d'une raison polémique qui veut « concrétiser l'abstrait »[334], en « pliant (les phénomènes)

---

[329] ECA, p. 272.

[330] ECA, p. 244. Cette position est similaire au «critère de falsification» de Karl Popper.

[331] FES, p. 11.

[332] PN, p. 119.

[333] NES, p. 138.

[334] EEPC, p. 116; voir aussi NES, p. 8.

aux principes d'une méthode »[335]. Ainsi ce n'est pas l'objet, mais la méthode qui est objective.[336]

L'application de la méthodologie au phénomène est une façon de donner de l'uniformité « à l'irrationalité fondamentale du donné »[337]. Ce rationalisme appliqué est un schéma qu'on impose aux choses pour trouver leurs régularités ou, dans le cas de la mécanique quantique, leur « probabilité de présence »[338]. Dans ce contexte, le rôle de l'instrumentation comme générateur des ontologies de l'abstrait et en tant que réducteur de la subjectivité de l'observation est évident. Ainsi ce qui n'est pas observé instrumentalement n'a pas d'existence[339]. La «phénoménotechnique» est le concept que Bachelard utilise pour réfléchir sur ce déterminisme instrumental de réduction et de fermeture artificielle d'une réalité ouverte (la « nature naturelle »)[340]. Le réalisme en science moderne est un « réalisme technique »[341], un « réalisme construit »[342] par la technologie qui, à son tour, correspond à la matérialisation des théories: « l'instrument de mesure finit toujours pas être une théorie et il faut comprendre que le microscope est un prolongement de l'esprit plutôt que de l'œil »[343].

Le développement de la technologie ainsi que des degrés d'approximation vont provoquer une « mobilité

---

[335] EEPC, p. 158.
[336] EEPC, p. 85.
[337] ECA, p. 160.
[338] EEPP, p. 28.
[339] ECA, p. 63, p. 72 et p. 58.
[340] Bachelard, *Le pluralisme cohérent de la chimie moderne*, 1932 (1973), Paris, J. Vrin, p. 3 (PCCM); NES, p.50 et p. 111; voir aussi Bachelard, *L'Activité rationaliste de la physique contemporaine* 1951, Paris, P.U.F., p. 3. (ARPC)
[341] NES, p. 8.
[342] ECA, p. 186.
[343] FES, 242.

ontologique»[344] qui coïncide avec la réalisation scientifique du relationnel. L'ambigüité entre existant et non-existant est surtout visible dans les expérimentations du second degré d'approximation où l'observation et les objets dépendent entièrement de la sensibilité instrumentale. À ce niveau, on ne peut pas « saisir » l'objet et on ne peut avoir de lui qu'une description probabilitaire, statistique, fractionnée[345]. Le dualisme et la complémentarité de l'onde et de la particule sont exprimés par l'incertitude d'Heisenberg. Bachelard y voit le principe qui doit être mis à la base de toute recherche microphysique[346]. Le déterminisme n'est qu'un déterminisme de voisinage[347]. C'est dans le domaine de la microphysique que la ligne de démarcation entre le sujet et l'objet, conçue comme exacte dans la physique classique et le réalisme, devient floue. Elle est mise en évidence par l'interférence provoquée par l'instrument, qui est pour Bachelard le prolongement matériel de l'esprit, dans ce qui est observé.

Bien que la technologie réduise la subjectivité, elle doit être assistée par des mécanismes d'ordre social. Ce sont les sujets de la communauté physicienne qui vérifient, rectifient, et censurent la recherche, évitant ainsi la trahison d'un « psychisme soutenu par le consensus vulgaire »[348]. En considérant le volume du savoir qui doit être communiqué et le degré de spécialisation de la science moderne, l'organisation de la recherche est une entreprise où les dangers d'une science mauvaise apparaissent à tous les niveaux de l'expérimentation et du raisonnement. On doit alors faire appel à une «intersubjectivité

---

[344] EEPC, p. 102.
[345] EEPC, p. 73.
[346] PN, p. 88.
[347] EEPC, p. 131.
[348] RA, p. 22.

rationaliste»[349], ou à un « cogito d'obligation mutuelle ». Bachelard écrit en s'adressant à son lecteur : « Je pense que tu vas penser, si je t'informe de l'événement de raison qui vient de m'obliger à penser en avant de ce que je pensais. On peut obliger à la constatation : puisque je reconnais que ce que je viens de penser est une normalité pour la pensée normale, j'ai des moyens de te forcer à penser ce que je pense. En effet, tu penseras ce que j'ai pensé dans la mesure où je t'instituerai conscient du problème dont je viens de trouver la solution. Nous serons unis dans la preuve dès que nous aurons garantie d'avoir posé clairement le même problème »[350].

Ferdinand Gonseth

Gonseth ne croit pas non plus à une correspondance stricte entre la connaissance et le réel, particulièrement là où les observations sont plus fines. Il y a deux raisons à cette attitude : 1. Le réel n'est pas statique, il est «inachevé» ; 2. L'esprit humain est en devenir[351]. La conséquence de cette double fluidité est l'impossibilité où se trouve notre connaissance de capter le réel une fois pour toutes et bien qu'il y ait une « base normative » fixe[352]. La connaissance ne peut qu'isoler artificiellement les éléments d'un tout dynamique. Cette situation ne peut pas être modifiée avec de nouvelles technologies ou par la correction graduelle de nos théories. La connaissance «laisse toujours une certaine marge d'indétermination»[353]. Une autre conséquence, liée dialectiquement à la première,

---

[349] RA, p. 44.
[350] RA, p. 58.
[351] Gonseth, « Le Professeur Ferdinand Gonseth et la philosophie du logos de la Grèce antique à l'idonéisme », dans *Gazette de Lausanne*, 16 déc. 1970, p. 3. (*Gazette*)
[352] E. Emery, *Sommaires des articles de F. Gonseth*, 1990, Suisse, Association Ferdinand Gonseth. (*Sommaires*).
[353] *Géométrie*, p. 558 ; voir aussi p. 116.

est l'ambigüité et le schématisme intrinsèques à tout langage.

Tout comme dans le cas du « bateau de Neurath » et de l'indétermination de la théorie par l'observation de Duhem, Quine, et Kuhn, Gonseth souligne le caractère non-neutre de nos observations. Le manque de neutralité qui touche toute « activité interprétative »[354] vient au moins de trois causes. L'une d'elles est que nous commençons toujours nos recherches d'un point de vue théorique particulier, lequel correspond à un « passé de savoir qui fournit les moyens mêmes de la recherche »[355]. Cette vision du monde, qui peut être scientifique comme la théorie de la relativité d'Einstein, ou non-scientifique comme les données du sens commun, informe et déforme toute observation, laquelle est à son tour sujette à des marges d'erreur propres à nos « systèmes de manipulation et de mesure »[356]. De plus, les conceptualisations à l'intérieur de chacun de ces « horizons de vérité », toujours exprimés dans un langage qui porte la marque de l'arbitraire et du passé[357], possèdent un caractère relatif, lié à des vérités locales. Finalement, une troisième cause de non-neutralité vient d'une sorte de confiance aveugle à l'égard de l'acquis: « Au départ de toute recherche, le chercheur est en situation de connaissance, c'est-à-dire dans une situation qu'il ne lui est pas possible d'analyser au fond pour en séparer sans erreur possible ce qui est assuré de ce qui ne l'est pas »[358].

---

[354] Gonseth, « La vérité mathématique et la réalité », 1932, dans *Problème*, p. 47. (« La vérité »)

[355] Gonseth, « Connaître par la science », 1955, dans *Problème*, p. 110 ; voir aussi p. 118. (*Connaître*)

[356] *Géométrie*, p. 117.

[357] Gonseth, « La question de la méthode en psychologie », 1948, dans *Problème*, p. 99. («La question»)

[358] *Géométrie*, p. 111.

L'exactitude des concepts en science, ou le consensus des scientifiques qui les considèrent comme instances légitimes de correspondance avec le réel, dépend de leur articulation avec d'autres concepts, avec des théories et des instances empiriques du même horizon de réalité. Mais la réalité n'est qu'une vérité « qui se refait de situation en situation, une vérité en devenir »[359]. Alors, «la connaissance du réel ne peut avoir qu'un caractère de sommaire»[360], et pourtant approché. La succession des approximations en science ne signifie pas que les scientifiques sont de plus en plus proches d'un savoir absolu et immuable, mais que chacun des référentiels (naturel, classique, quantique), des « associations et des coordinations »[361] ou des « figurations » correspond étroitement à l'événement qu'il représente[362].

La trilogie : réel flou - non-neutralité théorique et observationnelle - langage arbitraire, requiert des précautions épistémiques. Les théories ne peuvent dépendre seulement de la créativité du scientifique, car même les géométries non-euclidiennes doivent être soumises à des tests empiriques qui vérifient leur valeur dans un « monde phénoménal indépendant de la conscience de l'observateur »[363] ou dans un monde de pure fiction. Elles ont besoin d'une «réalisation technique»[364]. De la même façon, on ne doit pas faire confiance à des expériences qui excluent un guide théorique de « représentations préalables concernant les phénomènes soumis à la recherche »[365]. Les relations entre la raison et l'expérience qui, par nécessité épistémique,

---

[359] *Gazette*, p. 3.
[360] *Géométrie*, dans *Problème*, p. 558.
[361] «La vérité», p. 47.
[362] *Géométrie*, p. 99.
[363] *Géométrie*, p. 120.
[364] *Géométrie*, p. 106.
[365] *Géométrie*, p. 120.

s'établissent de façons diverses à chaque niveau de complexité phénoménale, sont de type dialectique et ouvert. Dialectique, parce qu'elles forment une « trame mêlée » où chacune dépend de l'autre en vue de s'informer et se corriger continuellement. Ouvert, parce qu'une instance de confirmation théorique peut, orientée vers une nouvelle technique instrumentale, devenir une instance de falsification.

La complémentarité entre les deux pôles de la raison et de l'expérience, chacun possédant toujours des «résidus» de l'autre[366], permet le contrôle des perceptions intuitives et des connaissances préalables à des «vérifications compliquées et exigeantes»[367]. Les méthodologies d'une critique de ce qui est établi, ou bien l'insertion du nouveau dans le système de « connaissances préalablement organisé »[368], s'appliquent et se développent en accord avec les quatre principes de «l'idonéisme» : la dualité (entre la théorie et l'expérimentation) ; la technicité (l'usage et le perfectionnement continus des instruments de mesure) ; la solidarité ou l'intégralité (l'exigence de cohérence, l'efficacité, la progressivité) ; la révisibilité (la révision, le rejet, le réajustement des positions déjà acquises)[369].

L'application de ces principes dicte « le rythme selon lequel la connaissance scientifique avance », et peut être à la source de « mutations de référentiels ou de l'éclatement des cadres qu'on imposait à la nature.[370] Ainsi : « a) Une démarche scientifique ne peut s'effectuer qu'à partir d'une situation de connaissance.... d'un certain

[366] *Sommaires* ; voir aussi *Géométrie*, p. 125 et p. 135.
[367] *Géométrie,* p. 116.
[368] *Géométrie*, p. 285.
[369] Gonseth, «La philosophie ouverte», 1969, dans *Problème*, p. 147 ; voir aussi p. 56-57.
[370] «La question», dans *Problème*, p. 93.

savoir préalable, d'un certain langage préconstitué ; b) La recherche rencontre ou fait apparaître des éléments qui ne s'intègrent pas d'eux-mêmes à la situation de départ ; c) Il arrive que pour intégrer les éléments nouveaux, il faille imaginer et mettre à l'essai des hypothèses nouvelles, et même des hypothèses incompatibles avec la situation de départ ; d) La mise à l'épreuve des nouvelles hypothèses apporte des exigences, parfois une réorganisation de la situation de départ et une révision des notions mises en cause. Cette révision peut prendre l'aspect d'une véritable mutation de l'élémentaire »[371].

L'évolution de la science correspond à ce mouvement d'augmentations, de corrections, de réajustements et de mutations, mouvement qui doit répondre à « l'expérience la plus exigeante »[372]. La première partie de ce mouvement réalise l'extension d'un référentiel particulier mais donne au chercheur des motifs d'ériger sa discipline en « doctrine fermée »[373]. La dernière partie a l'effet contraire, car elle provoque le rejet, le dépassement, ou la relativisation des positions de départ[374]. Elle demande parfois des changements de référentiel qui, à leur tour, suscitent une reformulation des conceptions de base et permettent des analyses plus fines des sections de la réalité. Celles-ci nous imposent alors de « rompre avec notre conception naturelle du temps, de l'espace, de la réalité des choses »[375]. Cependant, Gonseth pense que chaque horizon reste valide à son niveau de spécification propre et transforme, sans pourtant la nier, la portée des éléments « inaliénables » constitués au long de

---

[371] *Géométrie*, p. 583; voir aussi «La question», dans *Problème*, p. 102.
[372] *Géométrie*, p. 69.
[373] *Géométrie*, p. vii.
[374] « Connaître », dans *Problème*, p. 120.
[375] « Connaître », dans *Problème*, p. 118.

l'histoire de la science. Cela ne veut pas dire que la découverte d'un « référentiel unitaire qui puisse être adopté sur tout le front de la recherche soit possible »[376]. Les référentiels sont seulement locaux. Pour Gonseth, ces mutations manifestent la nature évolutive de la science, dont les jugements objectifs résultent du « dévoilement progressif de la réalité en devenir »[377], ainsi que la vie de l'esprit multiplie toujours les modes rationnels pour y accéder, de même que des axiologies qui justifient toute action.

Thomas Kuhn

Dans un entretien publié en 1922, Kuhn a caractérisé sa position sur le développement de la science comme celle d'un « Kantien post-darwinien »[378]. Pour lui, nous possédons toujours des structures mentales nous permettant de construire la connaissance, mais ces structures sont culturelles et changeantes plutôt qu'innées et immuables. En science, ces données prennent la forme de « paradigmes » ou de « réalisations scientifiques reconnues universellement et qui, pendant un certain temps, fournissent des problèmes et des solutions modèles pour une communauté de praticiens »[379]. L'astronomie de Ptolémée et celle de Copernic, la physique d'Aristote, la mécanique de Newton, la relativité d'Einstein et la chimie de Lavoisier en sont des exemples.

Bien que *The Structure of Scientific Revolutions* semble donner vingt-deux définitions de « paradigme »[380],

---

[376] Gonseth, « Epistémologie et référentiel », 1976, dans *Problème*, p. 188.

[377] *Sommaires*.

[378] In John Horgan, *The End of Science*, p. 44.

[379] SSR, p. x.

[380] Margaret Masterman, « The nature of a paradigm », dans I. Lakatos et A. Musgrave (dirs.), *Criticism and the Growth of Knowledge*, 1970, Cambridge, Cambridge University Press.

il est néanmoins admis qu'en général chaque paradigme correspond à une tradition de recherche qui, à son tour, présuppose des métaphysiques, des méthodologies et des ontologies particulières. La corrélation étroite entre tous ces facteurs s'exprime sous la forme de lois, de règles, de théories et d'instrumentations, et constitue un tissu de certitudes sans lequel aucune recherche ne serait légitime. De plus, la recherche des scientifiques participant à cette «vision du monde» a pour finalité, non pas la nouveauté radicale caractéristique des révolutions, mais l'articulation de plus en plus serrée des éléments qui favorisent et confirment cette vision.

Si l'on considère qu'on ne peut pas observer sans un guide théorique préalable, l'expérimentation est de ce fait contaminée par les théories qui définissent d'avance ce qu'elle doit trouver. Mais le pouvoir explicatif des théories, leur aptitude à résoudre les problèmes circonscrits par le paradigme, leur capacité à prévoir les phénomènes et leur cohérence interne, sont à considérer comme des preuves de l'adéquation des théories à la nature. La science dite « normale » résulte de l'accumulation progressive des certitudes de ce genre. Les résultats de cette progression se révèlent dans la reproduction de la connaissance dans les journaux et dans les manuels de classe, dans la stabilisation du savoir, dans la maturation et la division de la discipline en subspécialités, dans l'acquisition d'un langage spécifique, dans la fondation des sociétés scientifiques, et dans la «résistance au changement»[381] .

La permanence d'un paradigme atteste de la «légitimité» de ses problèmes et de ses solutions[382], et détermine des « compromis » professionnels, théorétiques, instrumentaux, ontologiques et autres de la partie des

---

[381] SSR, p. 64.
[382] SSR, p. 109.

scientifiques. Simultanément, le compromis enlève à la majorité d'entre eux la possibilité de « voir » le monde d'une façon différente[383], ou entrave même la volonté de le faire. Ceci explique leur résistance au changement de paradigmes même quand émergent les premiers signes de leur affaiblissement explicatif et prédictif. Le résultat est que la science normale tend à devenir de plus en plus rigide[384]. Cependant, la science est pour Kuhn ce que le système capitaliste est pour Karl Marx : elle porte en elle-même le « mécanisme »[385] de sa propre destruction.

L'existence d'« idiosyncrasies »[386] inhérentes à tous les paradigmes provient des difficultés du travail qui consiste à « développer des points de contact entre une théorie et la nature »[387]. L'impossibilité d'une correspondance totale entre les théories et l'observation entraîne l'interférence d'éléments « arbitraires » dans le choix des théories. On peut donner comme exemples de ce fait la biographie et la personnalité du scientifique[388], ses intérêts, ses goûts, son ordre du jour personnel, la politique, le pouvoir, l'autorité, les récompenses et les pénalités[389], c'est-à-dire des facteurs psychologiques et sociologiques[390] plutôt que rationnels. Pour Kuhn, ils sont essentiels et inévitables, car l'identification même des «anomalies» qui causeront des crises à l'intérieur d'un paradigme en dépend. Même au sein d'un seul paradigme, ils ont pour conséquence que chaque scientifique voit les mêmes phénomènes de façon légèrement différente[391].

---

[383] SSR, p. 64.
[384] SSR, p. 64.
[385] SSR, p.24.
[386] ET, p. 329.
[387] SSR, p. 30.
[388] SSR, p. 4-5.
[389] *Trouble*, p. 7 et p. 8.
[390] ET, p. 290.
[391] *Trouble*, p. 6.

Les anomalies sont des erreurs, des phénomènes nouveaux, des révélations instrumentales dissonantes, ou bien de simples problèmes d'incohérence interne des théories. La méthode habituelle pour résoudre ces inconsistances, comme bien d'autres inexactitudes de tout genre, c'est de faire des corrections et des clarifications locales. Les scientifiques s'engagent à les résoudre en les faisant entrer dans leur tradition de recherche. Ils peuvent entreprendre des ajustements *ad hoc* des théories[392], perfectionner les instruments de détection, inventer de nouvelles techniques de mesure, ou étendre la zone d'applicabilité des théories. Vu l'impossibilité d'une neutralité au niveau de l'observation[393], vu le caractère tacite des règles, des lois, et des théories[394], vu l'individualité de chaque scientifique et l'ésotérisme du groupe disciplinaire, la présence d'anomalies au sein des paradigmes est inévitable. Etant complètement engagés dans la tradition de recherche du paradigme courant, les scientifiques ont néanmoins une connaissance vague des difficultés et des effets des anomalies quant à la cohérence du système. Mais ils ne s'en préoccupent pas jusqu'au moment où, en démontrant « que la nature a violé les attentes (théorétiques et observationnelles) qui gouvernent la science normale »[395], les anomalies deviennent explicitement et sans équivoques non-triviales[396].

Les épisodes qui demandent une « clarification par reformulation »[397] des fondements d'un paradigme, et la perte de foi des scientifiques dans son aptitude explicative, sont très rares. Dans la plupart des cas, les scientifiques

---

[392] ET, p. 281; SSR, p. 78.
[393] *Trouble*, p. 11.
[394] SSR, p. 46.
[395] SSR, p. 52-53 et p. 59.
[396] ET, p. 236.
[397] SSR, p. 33.

poursuivent des programmes de recherche qui ont pour seule visée d'élargir le domaine d'application des théories et d'augmenter la précision des instruments de mesure. Paradoxalement, c'est précisément la dévotion au paradigme qui fait du scientifique un « traditionaliste fermé »[398] et crée le contexte favorisant un changement de paradigmes, car ordinairement « la nouveauté émerge seulement pour l'homme qui, connaissant avec précision ce qu'il doit attendre, est capable de reconnaître que quelque chose a fait fausse route »[399]. La classe des anomalies qui ne peuvent pas être résolues avec les outils du paradigme et dont la solution acquiert une importance critique est celle qui provoque des crises dans le paradigme et une « débâcle de la technique normale pour résoudre des puzzles »[400]. Elles causent le remplacement de la recherche normale par une «recherche extraordinaire»[401] et anticipent les révolutions en science.

Une révolution consiste en la substitution totale ou partielle d'un paradigme par un autre avec lequel il est incommensurable. Exemple : le changement du système astronomique de Ptolémée par celui de Copernic. Ils constituent deux « univers de discours différents »[402], avec des objets, des présuppositions, des concepts, des types de recherche, des méthodologies, et des métaphysiques propres. Le rejet d'un paradigme et l'acceptation d'un autre paradigme incompatible avec le premier ne résulte pas immédiatement de la crise. Mais, quand le rejet de l'ancien paradigme et l'acceptation du nouveau sont finalement achevés, ils correspondent à un « changement de gestalt ». Ce qui amène les scientifiques à s'attacher à

---

[398] ET, p. 237.
[399] SSR, p. 65.
[400] SSR, p. 69.
[401] SSR, p. 87.
[402] SSR, p. 85-86.

un paradigme incommensurable avec le précédent est de l'ordre d'une « conversion » au nouveau système explicatif[403]. Bien sûr, la prédiction, la cohérence interne et une meilleure adéquation des théories à la nature jouent un rôle également essentiel. Mais dans les étapes initiales de son développement, le nouveau paradigme est trop schématique, il est plein d'incertitudes car il n'a pas été soumis à des tests empiriques aussi rigoureux que ceux qui donnent légitimité à l'ancien système. La conversion des scientifiques implique alors une « foi »[404] dans la force théorique et dans le pouvoir de prédiction du paradigme qui vient d'être accepté. Elle implique aussi des techniques de persuasion[405] et des négociations pour briser la résistance naturelle au changement. Quand la conversion prend la forme d'un « consensus autoritaire » général[406] , la transition entre paradigmes est achevée et l'ancien paradigme fait alors partie du domaine de la non-science. Le cycle d'évolution par adaptation recommence.

Kuhn croit que le progrès en science ne peut être aperçu que de l'intérieur de chaque paradigme[407]. Il peut être identifié dans l'accumulation du savoir et dans un perfectionnement de l'activité de résolution des problèmes[408] qui sont posés par l'adéquation entre les constructions conceptuelles, ou encore par la «prolifération des spécialités»[409]. Une science est progressive quand ses théories obéissent à divers critères,

---

[403] SSR, p. 151. Pierre Duhem avait déjà dit en 1906 que le choix entre deux théories également valides n'est pas rationnel mais d'ordre métaphysique.
[404] SSR, p. 158.
[405] SSR, p. 152.
[406] *Trouble*, p. 7.
[407] SSR, p. 163.
[408] SSR, p. 166.
[409] SSR, p. 170.

tels que l'exactitude, l'extension, la fertilité, la consistance et la simplicité[410].

«Eclectisme d'ouverture» : Bachelard et Gonseth face à Kuhn – critiques, complémentarités et futurs avenues de recherche

A. L'insistance de Gonseth et de Bachelard à dégager ce qu'ils ont appelé la dialectique entre la théorie et l'expérimentation est fondamentale pour étudier la science. L'enseignement des sciences est encore informé par une image simpliste de la méthode scientifique. Le stéréotype qui prévaut est celui d'une démarcation rigide entre l'hypothèse théorique, formulée d'un point de vue rationnel neutre, vérification indubitable et aussi neutre vis-à-vis l'hypothèse. Mais Gonseth parle de la trame mêlée des deux pôles à tous les niveaux de la connaissance. Il existe une relation ambiguë entre les éléments arbitraires qui restent qualitativement différents et dont chacun possède des résidus de l'autre. Ceci n'est pas une position métaphysique mais une posture empirico-critique chosiste et suscitée par le changement et le perfectionnement contextuel de la connaissance humaine qui transforme les objets d'une réalité en devenir.

La demande de non-séparabilité entre théorie et expérimentation est cruciale comme description de fait, mais aussi parce qu'elle est un des facteurs responsables de l'émergence des crises en science. La physique d'Aristote a dominé pendant des siècles à cause de sa structure presque exclusivement théorique et qualitative. Von Neumann a remarqué que la cause des crises en logique et en mathématique vient aussi de leur façon

[410] ET, p. 321.

exclusivement théorique de solutionner les problèmes[411]. La conséquence est qu'aucune d'elles n'est progressive. L'insistance de Gonseth n'est pas triviale, car il y a aujourd'hui des scientifiques qui imaginent des théories de l'unification sans se préoccuper de preuves expérimentales. En vue de l'intérêt social des découvertes scientifiques et eu égard aux énormes dépenses exigées par la recherche, d'où une bureaucratisation du savoir, on a le devoir de se garder de faire de «la science ironique»[412].

La trame mêlée de la théorie et de l'expérience doit être aussi considérée sous un angle différent. En effet, la révisibilité de Gonseth et la vérification de Bachelard présupposent que la théorie précède l'expérience et que l'expérience suit de près la théorie. Toutefois, ils parlent de l'acte de connaître (leur point de contact) comme étant plein d'indéterminations, ce qui semble signifier que théorie et expérience sont toujours co-présents. Mais il y a des circonstances où l'expérience précède la théorie. Par exemple, Niels Bohr n'a pas vérifié expérimentalement toutes ses théories. Il croyait que les preuves accumulées dans le passé (dans la physique classique) par les spectroscopistes sur les lignes du spectrum et les causes physiques (électriques et magnétiques) de leur changement étaient suffisantes comme instances de vérification. Ce caractère « rétroactif » de l'expérimentation ou l'utilisation d'éléments expérimentaux d'horizons de référentiels hétérogènes doit être incorporé dans l'étude philosophique du choix des théories en science.

B. Gonseth et Bachelard considèrent qu'une façon de mesurer la maturité d'une science est d'analyser l'état de la technologie qui la supporte. Un des principes de

---

[411] John Von Neumann, « The Mathematician », dans *Collected Works*, 1961, vol.1, New York, Pergamon.
[412] John Horgan, *The End of Science*.

l'idonéisme de Gonseth est celui de la technicité qui donne priorité au rôle de la technologie dans la vérification des théories. En effet, si la trame mêlée entre théorie et expérimentation (principe de la dualité) doit toujours être présente, on ne peut pas parler du développement de la science sans reconnaître le rôle qu'y joue la technologie scientifique. Une technologie qui donne accès à des régions de la réalité plus fines et complexes, peut réclamer la révisibilité des théories (principe de révisibilité) et la reformulation des éléments de base, permettant ainsi une amélioration de la cohérence conceptuelle et empirique (principe de totalité) de la science. À l'exception de la confiance que les scientifiques donnent aux instruments et du fait que certaines technologies peuvent être transférées d'un paradigme à l'autre, Kuhn ne développe pas ce sujet dans ses œuvres.

C. Bachelard offre une réflexion sur la technologie dans le contexte de la chimie moderne et dans la mécanique quantique ainsi que sur les conséquences, pour l'épistémologie et l'ontologie scientifiques, de la création des objets par les instruments. La «phénoménotechnique» illustre sa position sur la non-séparabilité entre les théories et les instruments, elle est d'une extrême utilité pour les études de la technologie, du réalisme scientifique, et de la sociologie de la science dans tous les référentiels de la réalité. Elle est aussi en relation étroite avec l'interprétation de Copenhague. Bachelard réussit comme aucun autre philosophe de la science à rétablir les fonctions de l'objectivité, de la causalité et du déterminisme en dépit des ruptures épistémologiques provoquées par la physique quantique.

D. Bachelard donne plus d'importance à la science surrationnelle qu'à la connaissance naturelle et à la science du passé. On le voit alors parler de la pesanteur de la mécanique de Newton par rapport à la finesse de la mécanique quantique, accuser le XVIIe siècle d'être pré-scientifique, et exiger une psychanalyse des obstacles épistémologiques qui ont amené à l'alchimie. Kuhn ne reconnaît là que de la science. Mais si tout ceci est de la science, il s'ensuit que les systèmes scientifiques qui ont été rejetés doivent être incommensurables avec ceux qui ont été acceptés. Cette déduction soulève des problèmes d'inconsistance pratique si bien identifiés par Steven Weinberg[413]. La solution de Gonseth (et celle de Bachelard, mais seulement dans le cas de la science) est de voir la validité de toutes les connaissances approchées dans leurs domaines d'application particuliers (ceci est similaire à la position « évolutionniste » de Kuhn à la fin de SSR). La science moderne n'oblitère pas la connaissance naturelle et la physique quantique n'exclut pas la physique newtonienne. La découverte de nouveaux horizons de réalité forme une image de plus en plus réaliste et objective de l'esprit humain. Le modèle de la science de Gonseth étant le modèle d'un type de connaissance entre beaucoup d'autres, il évite le réductionnisme et le présentisme inhérents au modèle bachelardien (Bachelard dit qu'on doit juger le passé de la science par son état présent)[414] et la faute de démarcation science/métaphysique du modèle kuhnien (pour qui la philosophie d'Aristote est de la science).

E. L'absence d'une évolution spirituelle dans le modèle cyclique de Kuhn contredit sa position sur la conversion nécessaire à l'acceptation de visions du monde différentes. L'accumulation d'horizons de réalité de Gonseth et les discontinuités de Bachelard incorporent cette nuance. Bachelard prétend que l'esprit scientifique est toujours à refaire parce qu'il a déjà « changé de

---

[413] S. Weinberg, « Une vision corrosive du progrès scientifique », dans *La Recherche 318*, mars 1999, p. 72-80.
[414] FES, p. 251.

structures plusieurs fois »[415]. Mais, considérant que les mêmes problèmes existentiels dominent n'importe quel horizon et que les connaissances de chacun restent localisées, il n'est pas certain qu'on puisse déduire que la science prouve que l'esprit humain est en train de se perfectionner. De plus, les modèles de Gonseth, Bachelard et Kuhn demandent une mobilité adaptive de la raison qui contredit le déterminisme des mécanismes mentaux implicites dans leurs modèles de construction de la connaissance. Toutefois, la fascination de Bachelard et Gonseth pour l'évolution de la conscience mérite d´être approfondie par les historiens et les psychologues de la science.

F. Si l'évolution de la science constitue une adaptation aux contextes changeants du monde et de la culture, alors toutes les étapes de la science sont également progressives. Kuhn avait raison de dire que « la physique aristotélicienne couvrait le monde accessible et imaginable aussi complètement que la physique newtonienne le fait plus tard. Pour introduire la dernière, la première doit être déplacée »[416]. La thèse de l'incommensurabilité semble ici plus appropriée que celle des emboîtements de Gonseth et de Bachelard. Mais le déterminisme historique qu'elle implique doit être un sujet de réflexion pour les philosophes de la science. S'il existe en fait, et si le mécanisme de changement du système lui est inhérent, il s'ensuit qu'on n'a pas besoin d'une philosophie de la science normative, comme Kuhn l'a désiré.

G. Dire que la science est un « sommaire » schématique des conclusions dérivées de la relation entre théorie et expérience ne veut pas dire que Gonseth et Bachelard ne croient pas à un type de correspondance

---

[415] G. Bachelard, *The Psychonalalysis of Fire*, 1938 (1968), Boston, Beacon Press, p. 48.
[416] ET, p. 19.

entre les théories et les choses, ou qu'ils présument que notre connaissance est inefficace, ou qu'il n'y a pas de monde indépendant de notre conscience. La mécanique newtonienne de l'interaction de deux corps physiques est stylisée mais réplicable, et hautement prédictive. En dépit des révolutions en science, elle reste essentielle dans l'enseignement de la physique. Cela démontre la faiblesse de la thèse de l'incommensurabilité de Kuhn et détruit le relativisme scientifique des constructivistes sociaux.

H. Gonseth et Bachelard parlent des « inaliénables » qui, même s'ils doivent être reformulés avec le changement de référentiels et ruptures, sont toujours présents dans la science. Kuhn parle aussi des éléments qui, une fois acquis par un paradigme, pénètrent tous ceux qui suivent. Il dit qu'« il faut que le nouveau paradigme promette de préserver une partie relativement large de l'aptitude concrète à résoudre les problèmes qui sont transmis à la science par ses prédécesseurs »[417]. Mais l'aptitude n'a pas le même pouvoir épistémique que celui que fournissent les « inaliénables » de Gonseth et de Bachelard. Seuls ces inaliénables constituent des ancres ou des fondations à partir desquelles la recherche scientifique peut être conduite. Il est dommage que Gonseth ne les qualifie pas. Bachelard dit que « la chaleur spécifique » est un exemple de concept scientifique non plus occasionnel ou conventionnel mais absolu, qui a été légué par «l'histoire sanctionnée»[418]. Mais si Gonseth et Bachelard acceptent que les concepts doivent être déformés pour s'accommoder au développement de la science, il faudrait tout de même faire la différence entre simple déformation et différenciation radicale. Si l'ambiguïté persiste, des concepts qui ont le même nom, mais signifient des choses différentes, peuvent aussi être considérés comme

---

[417] SSR, p. 169.
[418] ARPC., p. 26.

«permanents». Par exemple, le concept de « dynamique », que Kuhn utilise pour défendre l'incommensurabilité entre la physique newtonienne et la relativité en faisant appel à un « changement de définitions de variables »[419] ou à la «conservation d'énergie»[420], deviennent des « inaliénables» que Bachelard et Gonseth « déforment » pour démontrer leur fertilité épistémologique. Les positions des trois penseurs sont ici techniquement les mêmes, bien que l'image graphique de leurs modèles (emboîtements versus incommensurabilité) les fassent apparaître comme opposées.

I. Si le dépassement des crises de la preuve nous donne des leçons sur l'épistémologie de la connaissance, il doit être aussi utilisé dans une réflexion sur le destin éthique de l'humanité. [421] Cette position de Gonseth, presque complètement oubliée par Bachelard et Kuhn, invite les philosophes à une réflexion naturaliste sur les questions spécifiques du domaine axiologique et les scientifiques à une prise en compte des conséquences éthiques de leurs méthodes.

J. Le modèle de Bachelard incorpore les mécanismes intellectuels qui amènent les scientifiques à un consensus intersubjectif sur les concepts, les théories, les expériences, les instruments et les règles qui guident la recherche en physique. Il souligne, par exemple, la valeur heuristique d'une « confiance surveillée »[422] qui se manifeste dans la critique rigoureuse conjointe, preuve

---

[419] SSR, p. 101-103.

[420] ET, chapitre 4.

[421] Gonseth, « Morale et méthode », 1970, dans *Problème*, p. 166-185 ; voir aussi dans le même volume les articles « La morale peut-elle être faire l'objet d'une recherche scientifique », 1969, et « Le moment éthique », 1971.

[422] Bachelard, *Le matérialisme rationnel*, 1953, Paris, P.U.F., p. 151. (RA)

pour lui de « la découverte bien ordonnée »[423]. Ceci traduit de Gonseth et de Kuhn. Bachelard parle aussi des moyens que le scientifique utilise pour « convaincre » les autres de ses positions. Les relations je-tu dans le rationalisme appliqué relèvent d'une construction objective des connaissances qui est contrôlée par des « censures spéciales »[424]. Ces considérations n'apparaissent plus visiblement que dans les deux derniers travaux épistémologiques de Bachelard, mais constituent une des plus importantes contributions de Bachelard à l'étude de la science en action, spécialement à cause de leur parenté avec les réflexions de Kuhn au sujet de la rhétorique implicite dans l'acceptation d'un nouveau paradigme.

K. Les techniques de persuasion sont, pour Kuhn, la partie fondamentale des négociations qui précèdent la «conversion» des scientifiques à une nouvelle vision du monde. Kuhn considère ces techniques en conjonction avec les facteurs dont la nature est clairement objective tels que le succès explicatif et la capacité à résoudre les anomalies trouvées par le vieux paradigme. Gonseth parlait déjà des résidus de la théorie dans l'expérience (et vice-versa) et de la nécessité d'un consensus des scientifiques qui, à leur tour, provoquent une certaine fermeture du savoir. Les marques résiduelles dans chacune des facettes de la connaissance indiquent que toute relation entre le sujet et l'objet n'est pas démarquée avec exactitude et alors que d'autres éléments, transcendants à cette relation, interviennent dans les décisions de la communauté scientifique. Bachelard souligne la nécessité d'une « surveillance intellectuelle de soi » et d'une psychanalyse des obstacles épistémologiques qui émergent dans l'esprit du scientifique et du groupe. Cette idée n'est pas complètement différente de celle de Kuhn quand il

---

[423] RA, p. 58.
[424] RA, p. 79.

parle de la nature « arbitraire » des éléments psychologiques et sociologiques de la pratique scientifique.

Mais Bachelard et Kuhn les perçoivent sous un mode radicalement opposé. Si Bachelard les voit comme des obstacles à l'objectivité et au progrès, Kuhn les tient comme essentiels à l'accumulation de la science normale et à l'émergence des révolutions. Kuhn ici a raison. Si la différence d'interprétation est un des éléments responsables du conflit nécessaire à une articulation de plus en plus étroite entre théorie et observation et aussi au changement de vision du monde, alors même que les scientifiques ont tous reçu la même information, il s'ensuit que la divergence doit venir de leurs jugements subjectifs. Les obstacles de Bachelard sont les arbitraires de Kuhn.

L. Kuhn a aussi raison quand il affirme, contrairement à Bachelard mais en parenté avec Gonseth, que la résistance est aussi cruciale que le changement en science. Gonseth parle de la nécessité d'un équilibre entre fermeture et ouverture ainsi que de la tendance, également reconnue par Bachelard et Kuhn, du chercheur à la fermeture. Quelquefois la méthode idoine permet l'élargissement d'un horizon de la réalité particulier et quelquefois elle demande une reformulation des éléments de base. Bachelard semble présumer que toute résistance au changement est mauvaise pour la science. Il ne reconnaît pas, comme Gonseth s'en est aperçu et comme Kuhn le soulignait, que la résistance au changement a deux fonctions mutuellement exclusives mais complémentaires. Elle permet l'élaboration stabilisatrice de la consistance et de la cohérence théorico-pratique de la vision du monde, puis elle amène au renversement de cette vision.

M. Kuhn considère que les « tensions essentielles », entre les différentes interprétations à l'intérieur du même monde et celles entre le paradigme établi et son alternative, sont naturelles et désirables. Elles existent dans l'esprit du scientifique et dans la pratique de la collectivité. Gonseth et Bachelard semblent donner trop d'importance au consensus dans le contexte du changement. Kuhn relève l'importance de la dissonance, dans la stabilité et dans le changement, entre le besoin du scientifique et du groupe d'être simultanément de « fermes traditionalistes » et de penseurs divergents[425]. Toutefois il laisse sans solution un aspect important de la problématique de la divergence/convergence perceptive des deux : « Comment la communauté scientifique des experts arrive à une décision quand les membres individuels diffèrent par rapport à l'application des valeurs partagées ? C'est là le mystère »[426]. Bachelard et Gonseth n'y répondent pas non plus, mais ils s'intéressent au problème de la tension quand ils font référence aux indéterminations inhérentes à l'acte de connaître et à la nécessité de trouver un mécanisme régulateur entre fermeture et ouverture spirituelle. Cette tension est, comme Kuhn le dirait, le problème fondamental à résoudre en philosophie de la science[427]

Conclusion

Chacune des positions de Bachelard, Gonseth et Kuhn offre des perceptions particulières sur la structure, des mécanismes, de la dynamique ainsi que des horizons épistémologiques et sociaux de la science. Elles doivent être envisagées non en opposition, mais de façon

---

[425] ET, p. 237.

[426] John Earman, «Carnap, Kuhn, and the philosophy of scientific methodology», dans Paul Horwich (dir.), *World Change: Thomas Kuhn and the Natural Sciences*, MIT Press, p. 20.

[427] ET, p. 237.

complémentaire, et comme une alternative « post-constructiviste » d'équilibre entre l'objectivisme et le relativisme. J'espère que mon étude a montré la nécessité d'une ouverture critique aux trois modèles, et qu'elle sera une motivation à poursuivre des recherches sur les problèmes que ces trois philosophes nous ont laissé à résoudre.

Chapitre 9 :
La Philosophie scientifique de Bachelard aux Etats-Unis d'Amérique : son impact et son défi pour les études de la science[428]

Les livres et les articles de Gaston Bachelard entre 1928 et 1953 n'ont pas seulement contribué à des changements fondamentaux dans les domaines de la philosophie et de la critique littéraire française, mais aussi à deux révolutions intellectuelles dans le monde : une dans la phénoménologie de l'œuvre d'art, l'autre dans la sociologie, l'histoire et la philosophie des sciences. L'impact de l'œuvre de Bachelard sur les productions culturelles et scientifiques de l'humanité transcende les horizons géographiques, historiques et temporels. En effet, les concepts bachelardiens tels que la «phénoménotechnique», la « rupture épistémologique », la « discontinuité », la « rêverie » et l'« imagination » font partie d'un vocabulaire spécialisé dans des champs aussi méthodologiquement et ontologiquement divers que la critique des sciences, la phénoménologie, la littérature, l'éducation, l'art, la technologie et l'architecture. Plus d'un demi-siècle nous sépare déjà de l'*Essai sur la connaissance approchée* (1928), la thèse de doctorat de Bachelard. Une synthèse rétrospective de l'influence de ses travaux dans le monde, aussi bien qu'une évaluation de sa fécondité heuristique sont donc tout à fait à propos.

La présente étude est consacrée à la réception et à l'influence de la philosophie scientifique de Bachelard aux Etats-Unis. C'est là peut-être le milieu culturel où elle a subi le plus de distorsions, car elle a été disséminée presque exclusivement à partir de sources secondaires,

---

[428] Paru dans Jean Gayon et Jean-Jacques Wunenburger (dirs.). *Bachelard dans le monde*. Paris, P.U.F., 2000, p. 77-94.

analysée de façon lacunaire ou d'une façon strictement historique comme illustration d'un produit intellectuel de la philosophie européenne et comme l'antécédent direct d'auteurs tels que Georges Canguilhem, Louis Althusser et Michel Foucault, ou bien dans un contexte relativiste contraire au projet épistémologique de Bachelard lui-même.

Curieusement, ces conditions n'ont pas empêché les catégories bachelardiennes de s'infiltrer dans les discours de la nouvelle discipline des études de la science et de contribuer ainsi au développement d'une réflexion dualiste, dialectique et historique, de la connaissance scientifique en général et de la relativité, de la mécanique quantique et de la sociologie de la science en particulier. L'absence de traductions anglaises de son « corpus » épistémologique n'a pas empêché Bachelard d'avoir une influence dans les cercles américains. Pour identifier cette influence persistante, il faut néanmoins interpréter les faits qui prouvent l'existence de ce phénomène d'une façon indirecte et quelquefois même herméneutique.

Les difficultés inhérentes à l'étude de l'impact de l'épistémologie de Bachelard sur la philosophie des sciences aux Etats-Unis ne se posent pas de la même manière pour ses travaux de penchant poético-phénoménologique. La séparation, exigée par Bachelard lui-même, entre ses travaux sur l'imagination créatrice et son épistémologie scientifique est réifiée dans la réception partielle de son œuvre dans ce pays. En effet, tous les travaux sur les éléments primaires de l'imagination et sur la rêverie ont été traduits en anglais entre 1960 et 1982, quelques-uns d'entre eux sous les auspices d'institutions de recherche phénoménologique ou de sciences humaines. Il y a d'abord une multiplicité surprenante de publications en anglais sur l'imaginaire bachelardien, et d'œuvres artistiques ou littéraires inspirées par son programme psychanalytique et phénoménologique. Ma recherche sur Internet montre aussi que l'influence de cette partie de l'œuvre de Bachelard est toujours présente et qu'elle couvre des sujets aussi divers que la littérature fantastique, l'architecture, le surréalisme, les stratégies narratives du texte, le postmodernisme, les métaphores de l'art, la sculpture, l'ethnographie virtuelle, la psychanalyse jungienne, etc. Il est néanmoins curieux de remarquer qu'en dépit de la disponibilité des traductions de tous les livres poétiques de Bachelard, celui qui est préféré aujourd'hui comme thème de réflexion sur quelques-uns des sujets évoqués ci-dessus est presque exclusivement *La poétique de l'espace* (1957).

La réception de l'épistémologie bachelardienne aux Etats-Unis contraste avec celle de la phénoménologie de l'art, car seuls *La philosophie du non* (1940) et *Le nouvel esprit scientifique* (1934) ont été traduits en anglais, en 1974 et en 1985 respectivement. L'article « The Philosophic dialectic of the concepts of relativity », que Bachelard a écrit en 1949 pour le livre de Schilpp sur Einstein[429], n'a pas influencé la philosophie des sciences américaine parce que l'empirisme logique et le continuisme constituaient encore à ce moment-là une barrière conceptuelle trop rigide pour admettre une alternative sérieuse. L'approbation presque inconditionnelle reçue par le positivisme et l'empirisme logique aux Etats-Unis à l'époque où Bachelard développait une philosophie des sciences en apparence complètement étrangère aux intérêts des descendants intellectuels du Cercle de Vienne, peut expliquer que les philosophes américains ont négligé les études bachelardiennes sur la discontinuité historique et

[429] Gaston Bachelard, « The Philosophic dialectic of the concepts of relativity », dans Paul Schilpp, *Albert Einstein : Philosopher-Scientist*, La Salle, Open Court, 1970, p. 565-580.

épistémologique dans la physique et dans la chimie modernes. Il faudra le rationalisme critique de Popper (1934)[430], et aussi la thèse sur l'incommensurabilité de Kuhn (1962)[431], pour qu'on questionne finalement les modèles positivistes de la philosophie des sciences anglo-saxonne. Ces travaux ont permis la création de modèles, cette fois épistémologiques et contextuels, du progrès scientifique et de l'acceptation des théories dans la science.

L'énorme popularité de Popper et de Kuhn dans la philosophie des sciences aux Etats-Unis et aussi, en histoire des sciences, des modèles suggérés par Alexandre Koyré (en astronomie) et par Canguilhem (en médecine et en biologie), et du poststructuralisme de Foucault en histoire intellectuelle et en philosophie de l'histoire contribuèrent à des changements plus directs pour la philosophie et dans l'histoire des sciences en Amérique que ce que l'épistémologie de Bachelard pouvait y apporter indépendamment de ce contexte. En effet, la thèse kuhnienne de l'incommensurabilité entre paradigmes scientifiques, quoique essentiellement historique, a provoqué presque a elle seule une révolution dans la philosophie des sciences américaine similaire à la révolution épistémologique de Bachelard en France. Cette vision de Kuhn a remplacé le positivisme logique par ce que leurs critiques ont classifié comme une sorte de relativisme scientifique qui, en même temps que l'historiographie discontinuiste de Foucault et la philosophie du langage de Wittgenstein, serait responsable de la création du constructivisme scientifique et même,

---

[430] Karl Popper, *The Logic of Scientific Discovery*, New York, Routledge, 1992, livre traduit en anglais en 1959.
[431] Thomas Kuhn, *The Structure of Scientific Revolutions*, Chicago, Chicago University Press, 1970.

comme conséquence de celui-ci, du postmodernisme et des idéologies contemporaines antiscience.

On peut reconnaître des similitudes entre les positions de Bachelard, de Popper, et de Kuhn (qui a été, entre autres, influencé par Alexandre Koyré et par Ludwig Fleck), et alors considérer comme inutile de traduire l'œuvre d'un auteur qui dit la même chose de façon différente. Une analyse plus détaillée de la position de Bachelard sur la pratique scientifique démontre néanmoins qu'elle est plus dynamique et ouverte que celle de Popper et moins relativiste que celle de Kuhn, deux qualités utiles à la construction de ce que j'appelle une philosophie des sciences symétrique, où l'erreur en science possède un rôle heuristique fécond. D'ailleurs, le signe de l'héritage intellectuel de Bachelard chez Canguilhem, Koyré et Foucault, des chercheurs dont les travaux ont été reçus de façon très positive presque immédiatement aux Etats-Unis, doit être considéré comme une variable cruciale du développement de la discipline des études sur la science dans ce pays. Malheureusement, quand les philosophes de la science physique américains (qui ignorent pour la plupart la tradition épistémologique européenne et la langue française) se rendent compte de cet héritage, ils se contentent des chapitres qui résument l'œuvre de Bachelard dans des livres comme *Marxism and Epistemology*, de Lecourt[432], *Michel Foucault's Archeology of Scientific Reason*, de Gutting[433], ou alors *Problems of Style* de Privitera[434].

---

[432] Dominique Lecourt, *Marxism and Epistemology: Bachelard, Canguilhem, Foucault*, London, Humanities Press, 1975.
[433] Gary Gutting, *Michel Foucault's Archeology of Scientific Reason*, Cambridge, Cambridge University Press, 1989.
[434] Walter Privitera, *Problems of Style: Michel Foucault's Epistemology*, New York, University of New York Press, 1995.

La première fois où l'on trouve des associations entre certains problèmes de physique et les idées de Bachelard est probablement dans le livre de Capek, *The Philosophical Impact of Contemporary Physics*[435], publié en anglais en 1961 (l'auteur fondait aussi ses réflexions sur les idées d'autres épistémologues français et allemands tels que Bergson, Brunschvicg, Boutroux, Meyerson, Husserl, Heisenberg et Einstein). Comme dans le cas des références faites à Bachelard dans les articles annuels sur l'état de la philosophie française dans *The Philosophical Review* entre 1928 et 1940, la critique de la science de Bachelard est restée presque totalement inconnue aux Etats-Unis à cette époque. Ceci n'était pas vraiment une question de nationalisme, car l'existentialisme de Sartre, la phénoménologie de Merleau-Ponty, par exemple, et l'histoire des sciences de Duhem, de Meyerson, et parfois même de Bachelard, n'étaient pas complètement étrangères aux philosophes et aux historiens américains. C'était plutôt, comme je l'ai remarqué ci-dessus, une question de territoires intellectuels et de conservatisme disciplinaire.

Je crois aussitôt possible de localiser et de dater la première influence perceptible de l'épistémologie de Bachelard aux Etats-Unis en 1975, date de la publication en anglais du livre de Lecourt, *The Historical Epistemology of Gaston Bachelard* (publié en 1975 sous le titre *Marxism and Epistemology : Bachelard, Canguilhem et Foucault*), et en 1979, date du livre de Latour et Woolgar, *Laboratory Life*[436]. Le livre de Lecourt fut reçu aux Etats-Unis comme une vulgarisation du structuralisme de Foucault (vraiment un « système de pensée » différent

---

[435] Milič Čapek, *The Philosophical Impact of Contemporary Physics*, New York, D. Van Nostrand Company, Inc., 1961.
[436] Bruno Latour et Steve Woolgar, *Laboratory Life: The Construction of Scientific Facts*, New Jersey, Princeton University Press, 1986.

pour les Américains). Maints intellectuels ont cru les explications de Lecourt sur Bachelard suffisantes pour une compréhension de la place de son épistémologie dans la formation du postmodernisme. Il est aussi possible que les lectures marxistes de la dialectique bachelardienne de Lecourt et aussi d'Althusser aient constitué le point d'appui de toutes les interprétations matérialistes ultérieures, y compris celles de la sociologie de la science.

Une curiosité plutôt conceptuelle et méthodologique pour l'épistémologie de Bachelard est apparue aux Etats-Unis au moment de la publication de *Laboratory Life*. C'est à partir de là que les concepts bachelardiens ont commencé à être associés, par ceux qui ignoraient la critique de la science de Bachelard dans ses nuances les plus idéalistes et objectivistes, au discours constructiviste de la connaissance et de la pratique scientifiques. Un des sous-titres du second chapitre de ce livre s'appelle « The 'phénoménotechnique' ». Après avoir démontré que les résultats obtenus avec des instruments dans le contexte du laboratoire ont tendance à être relégués par les savants au champ strictement technique, Latour et Woolgar continuent : « La réalité artificielle, que les participants décrivent en termes de réalité objective, a en effet été construite par l'usage d'appareils d'inscription. Une telle réalité, que Bachelard nomme « phénoménotechnique », assume l'apparence d'un phénomène au moyen de sa construction à partir des techniques matérielles »[437].

Quoique Latour et Woolgar aient une compréhension des catégories bachelardiennes en tant que catégories, je pense toutefois que les présuppositions philosophiques qui les soutiennent sont complètement ignorées dans leur livre. Pour Bachelard, le déterminisme en science est rationnel et technique, pas social dans le sens constructiviste du terme. Les caractéristiques de

[437] *Op. cit.*, p. 64 ; ceci est ma traduction.

collectivité et de spécialisation technique ne signifient pas pour lui que la science n'est plus objective, ou qu'elle est seulement une question de rhétorique et de pouvoir. L'acceptation des découvertes faites au moyen des appareils d'inscription ne veut pas dire que les savants les utilisent pour faire avancer leur programme personnel – ce que Pickering appelle l'« opportunisme en contexte »[438] - mais plutôt que ce sont les résultats instrumentaux qui permettent aux savants d'accepter des degrés approximatifs d'explication qui sont encore objectifs mais qui dépendent de la complémentarité et de la non-séparabilité entre la théorie et l'expérimentation. Le projet de Bachelard se rapproche plutôt du concept hégélien de rationalité historique, de la philosophie postcritique de Michael Polanyi, des réflexions philosophiques de Niels Bohr, de Werner Heisenberg et, jusqu'en 1951, de Louis de Broglie, sur la mécanique quantique, que d'un constructivisme avant la lettre que les sociologues de la science semblent y voir. Il faut toutefois admettre que Gaston Bachelard a été le premier à s'intéresser systématiquement aux problèmes qui seront beaucoup plus tard ceux du programme constructiviste : la création de la science en tant que projet collectif, la formation d'un consensus dans la cité scientifique, l'impossibilité de séparer, dans le contexte de l'expérimentation, la théorie et la technique, la nécessité de regarder au-delà des perceptions immédiates, culturellement stabilisées, pour expliquer les raisons qui amènent à l'acceptation des théories scientifiques, la technologie comme réification de la culture scientifique, etc., en somme, des questions soulevées par l'étude de la pratique scientifique plutôt que par l'analyse de l'organisation théorique de la science et la structure logique du langage scientifique.

---

[438] Andrew Pickering, *Constructing Quarks : A Sociological History of Particle Physics*, Chicago, The University of Chicago Press, 1984.

Le livre de Latour et Woolgar est une application du « programme fort » des sociologues de la science systématisé pour la première fois en 1976 dans le livre de Bloor, *Knowledge and Social Imagery*[439]. Il constitue, avec les discontinuités historiques et conceptuelles des paradigmes, mises en avant par Kuhn dans *The Structure of Scientific Revolutions*, une des premières illustrations de la nature interdisciplinaire de la nouvelle discipline des études sur la science. D'abord, dans son article « The Specificity of the scientific field and the social conditions of the progress of reason »[440], le sociologue Pierre Bourdieu associe le nom de Bachelard à celui de Bloor, et essaye d'utiliser le potentiel heuristique des thèses bachelardiennes du *Rationalisme appliqué* (1949) pour démontrer qu'une « science de la science authentique ne peut pas être constituée à moins qu'elle change radicalement la position abstraite (…) entre l'analyse interne ou immanente, considérée comme le domaine de l'épistémologue, qui recrée la logique au moyen de laquelle la science crée ses problèmes particuliers, et une analyse externe, qui rapporte ces problèmes aux conditions sociales de son apparition »[441]. Il n'est donc pas surprenant qu'aux Etats-Unis la philosophie de Bachelard ait suscité un intérêt par l'intermédiaire de Lecourt, de la sociologie de la science française et anglaise, du contextualisme historique de Kuhn et de Foucault, et généralement « via » l'histoire des sciences biologiques et l'histoire intellectuelle, plutôt que simplement par la philosophie de la science américaine.

---

[439] David Bloor, *Knowledge and Social Imagery*, Chicago, Chicago University Press, 1991.
[440] Pierre Bourdieu, « La spécificité du champ scientifique et les conditions sociales du progrès de la raison », *Social Science Information*, vol. 14, No. 6, 1975, p. 19-47.
[441] *Op. cit.*, p. 22; ceci est ma traduction.

Il y a cependant cinq articles sur l'épistémologie des sciences de Bachelard publiés entre 1969 et 1978 qui nous donnent une perception un peu différente mais complémentaire de l'impact de Bachelard aux Etats-Unis pendant cette période-là dans la philosophie des sciences. Ils montrent que Bachelard excite la curiosité au moment de la transition entre les demandes du positivisme et le «tournant linguistique» en philosophie des sciences. Le premier article, de Theobald, « Bachelard : Eclectism in the philosophy of science »[442], constitue une critique de Bachelard à partir du *Nouvel esprit scientifique* (1934), de *La philosophie du non* (1940), et de *La Formation de l'esprit scientifique* (1938). L'auteur commence par affirmer que « la pensée de Bachelard n'est pas du tout exceptionnelle »[443], puis il extrait de ses livres des éléments utiles à la philosophie des sciences contemporaine, tel que la flexibilité et la contextualisation des concepts scientifiques, et l'importance heuristique des théories à la formation des faits en science.

Dans « Bachelard and the problem of epistemological analysis »[444], le projet de Gaukroger est d'utiliser le concept bachelardien d'obstacle épistémologique comme un des éléments d'une technique d'analyse du dynamisme interne des «discours théoriques». Gaukroger croit néanmoins que l'épistémologie de Bachelard, quoique problématique, peut servir de modèle heuristique pour les philosophes et pour les historiens s'intéressant à la démarcation entre le discours scientifique et le discours non scientifique.

[442] David W. Theobald, « Bachelard : Eclectism in the philosophy of science », *Technology and Society*, vol. 5, No. 2, 1969, p. 56-59.
[443] *Op. cit.*, p. 56.
[444] Stephen Gaukroger, « Bachelard and the problem of epistemological analysis », *Studies in the History and Philosophy of Science*, No. 7, 1976, p. 189-244.

L'objectif de l'article de Balibar, « From Bachelard to Althusser : the concept of epistemological break »[445], est de comparer, dans le contexte de la rencontre « entre la philosophie marxiste... et des travaux sur l'histoire des sciences et l'épistémologie »[446], la catégorie bachelardienne de rupture épistémologique et son usage par Althusser. Balibar veut justifier le « caractère scientifique du matérialisme historique (Marxisme) »[447] aussi bien que de la psychanalyse. Le problème à résoudre ici, comme dans les deux cas précédents, est celui de la démarcation entre science et non-science ou entre science et métaphysique, qui restera une question cruciale pour la philosophie de la science même après le rejet de l'empirisme logique. Dans l'article « Feyerabend and Bachelard »[448], Bhaskar compare Bachelard, Popper et Feyerabend au sujet du discontinuisme entre science et expérience, et propose d'aller au-delà de leur « ontologie empiriste » qui, pour lui, ne fait pas justice à la séparation entre les objets du monde et les objets cognitifs toujours changeants de la science[449]. Finalement, dans l'article «The Continuity and discontinuity of human cognition»[450], Cackovski utilise les travaux de Bachelard, de Canguilhem, de Foucault et de Kuhn dans le contexte de ce qu'il appelle le « discontinuisme absolu » pour

---

[445] Etienne Balibar, « From Bachelard to Althusser : the concept of epistemological break », *Economy and Society*, vol. 7, No. 3, 1978, p. 207-237.
[446] *Op. cit.*, p. 207.
[447] *Op. cit.*, p. 207.
[448] Roy Bhaskar, « Feyerabend and Bachelard: Two philosophies of science », *New Left Review*, No. 94, November-December, 1975, p. 31-55.
[449] *Op. cit.*, p. 32.
[450] Zdislaw Cackovski, « The Continuity and discontinuity of human cognition », *Dialectics and Humanities*, Vol. 6, Spring 1979, p. 125-136.

expliquer les séparations cognitives radicales entre connaissance préscientifique et connaissance scientifique, et entre le monde où les hommes habitent et le monde où ils pensent[451].

Il est facile de voir comment Bachelard, toujours intéressé par la discontinuité entre connaissance immédiate et connaissance scientifique, était apte à renouveler la question de la démarcation dans un contexte de transition entre le positivisme strict et une philosophie des sciences de penchant historique. Bien sûr, dans le cas de Bachelard, la question n'était pas celle de la séparation entre science et métaphysique. C'était plutôt, d'une part, celle de la séparation entre l'histoire de la science sanctionnée et l'histoire de la science périmée, et d'autre part, celle de la séparation entre les métaphysiques de la science et les métaphysiques qui démontrent le discontinuisme entre science et non-science. Si l'on considère que Bachelard ne voyait pas, comme les positivistes et la tradition philosophique française le demandait, de démarcation rigide entre la technique et la théorie, ni entre le sujet et l'objet, la thèse de l'incorporation des concepts bachelardiens dans la sociologie des sciences devient plus raisonnable. De plus en abordant l'intérêt de la philosophie des sciences 'anti-sociologique' par le problème de la démarcation, l'introduction de ces concepts dans le discours philosophique des sciences américain est également valide.

Si l'on accepte que l'impact d'un auteur peut être mesuré quantitativement, par le nombre de fois que son nom apparaît dans les références et dans les bibliographies des périodiques spécialisés, ou bien par sa présence constante dans les textes universitaires sur la philosophie des sciences, on doit alors reconnaître que Bachelard est

---

451 *Op. cit.*, p. 135.

aujourd'hui complètement oublié en Amérique. Les textes universitaires de synthèse sur la philosophie de la science entre 1980 et 1998 illustrent plutôt une tendance, plus faible dans le cas des études académiques supérieures, au positivisme logique de Hempel, de Carnap, de Van Fraassen, etc. De plus, quand l'histoire de la science devient sujet de débat, ce sont Popper, Kuhn, Lakatos, Laudan, Feyerabend, Duhem, Hacking, Ackermann, Bloor, Galison et d'autres qui apparaissent. Le nom de Bachelard apparaît seulement comme référence secondaire dans le texte universitaire de Tauber, *Science and the Quest for Reality*[452].

En ce qui concerne les périodiques, mon article sur Bachelard a été le seul à être publié entre 1993 et 1997 dans *Philosophy of Science*, le périodique officiel de l'Association de la Philosophie de la Science. Ma recherche sur la présence du nom et des concepts de Bachelard dans les articles d'autres périodiques des sociétés professionnelles de l'histoire, de la philosophie, et de la sociologie de la science, tels que *Studies in the History and Philosophy of Science*, *Studies in the History and Philosophy of Modern Physics* (séparé de SHPS après 1995), *Isis – an International Review Devoted to the History of Science and its Cultural Influences*, et *Science, Technology and Human Values*, montre qu'il n'y a au total que deux mentions faites à Bachelard, une dans une liste de références par Turnbull[453], et l'autre dans un compte rendu comme clarification de la position de son auteur, Hans-Jörg Rheinberger.

---

[452] Alfred I. Tauber (dir.), *Science and the Quest for Reality*, New York, New York University Press, 1997.

[453] David Turnbull, « The Ad Hoc Collecive Work of Building Gothic Cathedrals with Templates, String, and Geometry », *Science, Technology and Human Values*, vol. 18, No. 3, Summer 1993, p. 315-340.

De même, entre 1993 et 1997, le périodique *Perspectives on Science : Historical, Philosophical, Social* fait mention de Bachelard une fois seulement, en 1995, au bas de la page d'un article écrit par le sociologue des sciences anglais Steven Shapin. La bibliographie officielle de l'Association de la Philosophie de la science entre 1945 et 1981 montre qu'il n'y a sur Bachelard qu'une référence aux traductions de *La philosophie du non* et du *Nouvel esprit scientifique*. La bibliographie d'*Isis* des années 1993, 1995, et 1996 fait seulement référence à mon article sur la « phénoménotechnique », ainsi qu'à celui de Babich, « Philosophers of science : Mach, Duhem, Bachelard »[454]. Le nom de Bachelard n'apparaît pas dans *A Companion to Epistemology*, dans *A Companion to Philosophy*, ou dans *Encyclopedia of Phenomenology*. Il apparaît toutefois dans *The Oxford Companion to Philosophy*, bien que l'attention qui lui est donnée soit superficielle. Finalement, l'absence, dans le contexte de l'épistémologie, du nom de Bachelard sur Internet semble plutôt confirmer une lacune culturelle et scientifique apparente (les seules mentions sont ses livres en français et en anglais). De plus, quoique les sociologues et les historiens de la science des décennies antérieures aient été responsables de l'introduction des concepts bachelardiens en Amérique, le fait est qu'un grand nombre de publications dans ces disciplines par les auteurs les plus récents montre qu'ils ne sont pas encore directement familiarisés avec eux.

En dépit de cette image quantitative pauvre, il est faux de penser que la philosophie des sciences de

---

[454] Babette Babich, « Philosophers of science: Mach, Duhem, Bachelard », dans Richard Kearney (dir.), *20th Century Continental Philosophy*, New York, Routledge, 1994, p. 175-221 ; la partie du texte consacré à Bachelard est à mon avis la plus faible d'un travail qui est d'autre part acceptable.

Bachelard aux Etats-Unis a disparu pendant les dernières décennies. Une image cette fois plus qualitative mérite notre attention, car elle constitue l'expression de ce que j'appelle « la seconde vague migratoire de l'épistémologie bachelardienne aux Etats-Unis ».

Tout d'abord, il y a des livres sur l'épistémologie de Bachelard. L'un d'eux s'intitule *Bachelard : Science and Objectivity* de Mary Tiles, philosophe de tradition anglaise[455]. Elle a réussi à lier le travail de Bachelard avec le programme du positivisme anglo-saxon, et à montrer l'originalité de Bachelard en ce qui concerne le problème de la conciliation entre l'incommensurabilité et l'objectivité scientifique. Il y a aussi deux livres dirigés par la linguiste anglaise Mary McAllester. Le premier, *The Philosophy and Poetics of Gaston Bachelard*, présente une sélection d'articles d'auteurs divers (Colin Smith, Alfons Grieder, Jean-Claude Margolin, Noel Parker, Henry Lauener, John Clark et Mary McAllester)[456] sur les multiples aspects de l'œuvre de Bachelard – l'épistémologie, la poésie, l'imagination créatrice, l'alchimie, etc. Son second livre, *Gaston Bachelard*[457], est un effort très salutaire pour faire connaître aux étudiants des universités de langue anglaise la diversité discursive de l'œuvre de Bachelard au travers de traductions, accompagnées d'introductions et de fragments des sources primaires (dans les dernières décennies elle a aussi écrit

[455] Mary Tiles, *Bachelard : Science and Objectivity*, Cambridge, Cambridge University Press, 1984.
[456] Mary McAllester, *The Philosophy and Poetics of Gaston Bachelard*, Washington, The Center for Advanced Research in Phenomenology and University Press of America, 1989.
[457] Mary McAllester Jones, *Gaston Bachelard : Subversive Humanist, Texts and Readings*, Madison, The University of Wisconsin Press, 1991.

une diversité d'articles sur la philosophie et la poétique de Bachelard)[458].

Entre 1981 et 1994, on trouve six articles sur Bachelard accessibles au public américain : « Gaston Bachelard – phénoménologue of modern science », d'Alfons Grieder[459], « Gaston Bachelard's philosophy of science », de Gutting[460] ; « Epsitemological history : the legacy of Bachelard and Canguilhem », de Mary Tiles[461] ; « Natural philosophy, experiment and discourse : beyond the Kuhn/Bachelard problematic », de J. Schuster et G. Watchirs[462] ; « Bachelard and scientific realism », de Tjiattas[463] ; et « Phénoménotechnique in historical perspective : its origins and implications for the philosophy of science », de Castelão-Lawless[464]. La tendance de ces articles est d'intégrer les concepts de Bachelard au sein des intérêts interdisciplinaires américains et anglais actuels, tout spécialement le rejet du

---

458 Dès à peu près 2000, elle est en charge de traduire les livres de l'épistémologie de Bachelard pour l'anglais.

459 Alfons Grieder, « Gaston Bachelard – phénoménologue of modern science », *Journal of the British Society of Phenomenology*, vol. 17, No. 2, mai 1986, p. 107-123.

460 Gary Gutting, « Gaston Bachelard's philosophy of science », *International Studies in the Philosophy of Science*, No. 2, 1987, p. 55-71, reed. dans *Michel Foucault's Archeology of Scientific Reason*, 1991.

461 Mary Tiles, « Epistemological history: the legacy of Bachelard and Canguilhem », *Royal Institute of Philosophy Lectures, 1960-1990*, New York, St. Martin's Press, vol. 21, p. 141-156.

462 J. Schuster et G. Watchirs, « Natural philosophy, experiment and discourse : beyond the Kuhn/Bachelard problematic », dans H.E. Legrand (dir.) *Experimental Inquiries*, New York, Kluwer, 1990, p. 1-48.

463 Mary Tjiattas, « Bachelard and scientific realism », *The Philosophical Forum*, vol. 22, No. 3, Spring 1991, p. 203-210.

464 Teresa Castelão-Lawless, « Phénoménotechnique in historical perspective: its origins and implications for philosophy of science », *Philosophy of Science*, No. 62, 1995, p. 44-59.

positivisme, du continuisme cognitif et de la démarcation entre philosophie, histoire et sociologie de la science. Un des objectifs de mon article est de comparer la phénoménotechnique avec quelques aspects des travaux de Peter Galison et de Ian Hacking, deux philosophes de la science de forte tendance historique, et de la placer dans le contexte de l'instrumentation en tant que réification des théories et légitimation de leur choix. À l'aide des modèles théoriques de Bachelard et de Kuhn, Schuster et Watchirs cherchent à mieux comprendre l'histoire de la science expérimentale au XVIIIe siècle. Bien qu'ils considèrent nécessaire de transcender ces modèles, car Bachelard et Kuhn n'ont pas donné des sciences de la nature une image cohérente[465], ils pensent cependant que cet usage est important en vue de la similarité d'intérêts entre Bachelard et les sociologues de la connaissance scientifique, et aussi en vue de la confluence contemporaine entre l'histoire de la science et la sociologie des sciences.

Le développement des études de la science et de la technologie a permis au nom de Bachelard, et à ses catégories épistémologiques, d'apparaître de façon plus fréquente et en même temps plus ambiguë dans la littérature récente de l'STS (Science and Technology Studies, ou Science, Technology, and Society) et aussi dans les livres de sociologie, de philosophie et d'histoire de la science de tendance interdisciplinaire. On peut citer comme exemples de ces derniers *Data, Instruments, and Theory*, de Ackermann[466] ; *Social Epistemology*, de Fuller[467] ; *The Evolution of Technology*, de Basalla[468] ;

---

[465] *Op. cit.*, p. 2.

[466] Robert Ackermann, *Data, Instruments, and Theory: A Dialectical Approach to the Understanding of Science*, Princeton, Princeton University Press, 1985.

[467] Steve Fuller, *Social Epistemology*, Bloomington, Indiana University Press, 1988.

The Uses of Experiment, dirigé par Gooding, Pinch et Schaffer[469] ; *The Scientific Revolution*, de Cohen[470] ; *Quantum Mechanics*, de Cushing [471] ; et *Living in a Technological Culture*, de Tiles et Oberdiek[472]. Tout en considérant l'absence, faute de traductions en langue anglaise, des œuvres complètes de Bachelard, tous ces livres mentionnent quelques-unes de ses opinions, la plupart d'entre eux pour renforcer l'idée que la connaissance scientifique n'est pas objective, absolue et statique dans le sens traditionnel de ces termes, que les instruments scientifiques ont un rôle plus fondamental dans la construction théorique que ce que l'empirisme logique pouvait nous laisser concevoir, et que l'image de la science, en tant qu'accumulation continue et progressive de connaissances certaines, doit être remplacée par une image qui nous la présente comme un processus dynamique, incertain, plein de ruptures et d'interférences externes. Bien sûr, les travaux en anglais des livres qui utilisent le potentiel heuristique de l'épistémologie de Bachelard de façon plus directe, comme c'est le cas du livre de Canguilhem, *Ideology and Rationality in the History of the Life Sciences*[473] et celui dirigé par Bourdieu,

---

[468] George Basalla, *The Evolution of Technology*, Cambridge, Cambridge University Press, 1988.
[469] David Gooding, Trevor Pinch et Simon Schaffer, *The Uses of Experiment : Studies in Natural Sciences*, Cambridge, Cambridge University Press, 1989.
[470] H. Floris Cohen, *The Scientific Revolution : A Historiographical Inquiry*, Chicago, The University of Chicago Press, 1994.
[471] James T. Cushing, *Quantum Mechanics: Historical Contingency and the Copenhagen Interpretation*, Chicago, University of Chicago Press, 1994.
[472] Mary Tiles et Hans Oberdiek, *Living in a Technological Culture : Human Tools and Human Values*, Routledge, 1995.
[473] Georges Canguilhem, *Ideology and Rationality in the History of the Life Sciences*, Cambridge, MIT Press, 1988.

Chamboderon et Passeron, *The Craft of Sociology*[474], sont aussi extrêmement importants pour la dissémination du bachelardisme aux Etats-Unis.

Il est dommage que les travaux sur la phénoménologie de la science et sur l'histoire de la philosophie de la technologie ne fassent aucun usage des concepts de Bachelard. Don Ihde est un exemple du premier groupe. Dans « The Experience of technology »[475] et aussi dans son livre *Instrumental Realism*[476], par exemple, il essaie de construire une phénoménologie des relations entre la technologie et les êtres humains, et de développer la thèse de la non-neutralité de la technologie, mais il se sert des concepts de Merleau-Ponty, de Heidegger, de Husserl, de Kuhn, de Foucault et d'autres pour y réussir. Derrida et Ricœur sont aussi les auteurs qu'il utilise dans un autre de ses livres, *Postphenomenology*[477], un travail où il retourne au problème des relations entre technologie, perception et culture humaine. Son concept de « technoscience » illustre le fait que certaines choses du monde « ne pourraient être expérimentées qu'à travers la médiation des instruments»[478]. Cette définition est si proche de la «phénoménotechnique», qu'il est surprenant qu'Idhe n'ait jamais entendu parler de l'œuvre de Bachelard. Dans son

---

[474] Pierre Bourdieu, Jean-Claude Chamboderon et Jean-Claude Passeron (dirs.), *The Craft of Sociology: Epistemological Preliminaries*, New York, Walter de Gruyter, 1991.

[475] Don Ihde, « The Experience of technology: human-machine relations », *Cultural Hermeneutics*, No. 2, 1974, p. 267-279.

[476] Don Ihde, *Instrumental Realism: The Interface between Philosophy of Science and Philosophy of Technology*, Bloomington, Indiana University Press, 1991.

[477] Don Ihde, *Postphenomenology : Essays in the Postmodern Context*, Evanston, Northwestern University Press, 1993.

[478] *Op. cit.*, p. 3 ; ceci est ma traduction.

livre *Space Perception and the Philosophy of Science*[479], Heelan démontre son intérêt pour la phénoménologie de la science mais, en dépit de sa connaissance de l'œuvre de Bachelard (en 1984 il y écrit l'avant-propos de la traduction anglaise du *Nouvel esprit scientifique*), il préfère lui aussi utiliser les mêmes auteurs que Ihde. Dans le cas du second groupe, dans son livre *Thinking Through Technology*[480], Mitcham reprend les idées de Bacon, d'Adorno, d'Ellul, de Heidegger, de Ortega y Gasset et d'autres, mais jamais de Bachelard. Il est facile de voir comment les concepts bachelardiens pourraient avoir ici un rôle heuristique important. Je pense que l'intérêt des phénoménologues américains pour les études de la science, et des philosophes de la science pour la technologie scientifique facilitera éventuellement l'intégration de la phénoménologie bachelardienne dans leurs recherches. Bien sûr, il faudrait de la part de ces deux groupes une connaissance plus approfondie de la tradition européenne en histoire et en philosophie des sciences. La phénoménologie de Bachelard se trouve au-delà des limites de la critique artistique, c'est-à-dire dans la philosophie des sciences. Avec l'interdisciplinarité qu'exigent les études de la science, le temps de cette inclusion pourrait être proche.

En conclusion, il n'est pas surprenant de constater que la première fois que les sociologues de la science ont utilisé les concepts épistémologiques bachelardiens ce fut pour faire avancer le constructivisme. Comme nous l'avons vu, il y a une similitude étonnante entre certains aspects de l'épistémologie de Bachelard et l'idéologie

---

[479] Patrick A. Heelan, *Space Perception and the Philosophy of Science*, Berkeley, University of California Press, 1983.

[480] Carl Mitcham, *Thinking Through Technology : The Path between Engineering and Philosophy*, Chicago, University of Chicago Press, 1994.

matérialiste des constructivistes sociaux. Mais leurs thèses sont différentes. Les constructivistes relèvent du relativisme et du subjectivisme de la science. Bachelard, au contraire, explore la valeur objective (approchée et intersubjective) de la science en tant que produit d'une phénoménotechnique. Je croyais alors que mon projet aux Etats-Unis serait de sauvegarder la perspective bachelardienne de l'interférence abusive de la part des sociologues. Je ne le crois plus. J'ai changé d'avis car j'ai pris conscience que Bachelard lui-même a utilisé et redéfini tout à son aise les concepts husserliens, hégéliens, freudiens, jungiens, bergsoniens, etc., la plupart du temps sans souci d'obéissance aux positions métaphysiques qui les sous-tendaient. Il est alors raisonnable que les constructivistes fassent la même chose dans le cas des concepts bachelardiens. Ce qui n'est pas raisonnable c'est d'ignorer complètement la perspective originale de Bachelard et ainsi de la confondre avec son usage dans le contexte du relativisme scientifique. La traduction en anglais des œuvres complètes de Bachelard ainsi que la réédition des deux livres déjà traduits pourraient aider à résoudre ce problème.

L'épistémologie, que Bachelard a créée pour la critique de la science moderne, fait aujourd'hui partie intégrale du discours interdisciplinaire des études de la science et elle est un élément heuristique important pour une discipline qui a complètement changé notre perception de la science et de la technologie. La richesse des concepts bachelardiens vient de ce que leur fluidité permet leur utilisation dans des champs intellectuels très divers. Ils ont déjà été utiles aux Américains au temps de la transition entre le modèle logico-empiriste et le modèle linguistique et contextuel dans la philosophie des sciences ; ils apparaissent directement et indirectement dans les discours interdisciplinaires de la science, et ils peuvent dans un futur proche être facilement adaptés à une réflexion sur la phénoménologie de la science et de la technologie, informée par la complémentarité et par la non-séparabilité.

Le défi que Bachelard proposait pour une critique de la pratique scientifique est toujours ouvert, surtout à une époque où au fondamentalisme initial des constructivistes se substitue une position d'équilibre entre philosophie, histoire et sociologie des sciences, et où, au relativisme scientifique des postmodernistes se substitue une nouvelle conception, intersubjective et contextualisée, de l'objectivité dans la science. La permanence conceptuelle qualitative de l'épistémologie de Bachelard, en dépit des révolutions culturelles des dernières décades, constitue la marque de sa valeur heuristique pour le futur des études de la science aux Etats-Unis.

Note biographique :

Teresa Castelão a suivi ses études à l'Université Classique de Lisbonne, Portugal, ainsi qu'à Virginia Tech aux Etats-Unis. Elle travaille depuis 1993 dans les départements de philosophie et de sciences biomédicales de l'Université de Grand Valley où elle est aujourd'hui Professeur. Elle y enseigne dans les domaines suivants : philosophie des sciences, histoire des sciences, éthique, épistémologie, existentialisme, science et religion, entre autres. Ses recherches et sa connaissance approfondie de l'œuvre de Gaston Bachelard l'ont amenée à être régulièrement invitée à faire des communications en dehors des Etats-Unis (Europe, Amérique du sud). Ses travaux ont été publiés dans de nombreuses langues, dont l'anglais, le portugais, le français, le russe, l'arabe et l'italien. En 2005, elle a reçu de son Université, le Grand Prix de la Recherche pour sa contribution au développement de la philosophie des sciences. En 2006, elle y a été directrice du département de philosophie.

L'HARMATTAN, ITALIA
Via Degli Artisti 15 ; 10124 Torino

L'HARMATTAN HONGRIE
Könyvesbolt ; Kossuth L. u. 14-16
1053 Budapest

L'HARMATTAN BURKINA FASO
Rue 15.167 Route du Pô Patte d'oie
12 BP 226
Ouagadougou 12
(00226) 76 59 79 86

ESPACE L'HARMATTAN KINSHASA
Faculté des Sciences Sociales,
Politiques et Administratives
BP243, KIN XI ; Université de Kinshasa

L'HARMATTAN GUINÉE
Almamya Rue KA 028
En face du restaurant le cèdre
OKB agency BP 3470 Conakry
(00224) 60 20 85 08
harmattanguinee@yahoo.fr

L'HARMATTAN CÔTE D'IVOIRE
M. Etien N'dah Ahmon
Résidence Karl / cité des arts
Abidjan-Cocody 03 BP 1588 Abidjan 03
(00225) 05 77 87 31

L'HARMATTAN MAURITANIE
Espace El Kettab du livre francophone
N° 472 avenue Palais des Congrès
BP 316 Nouakchott
(00222) 63 25 980

L'HARMATTAN CAMEROUN
BP 11486
Yaoundé
(00237) 458 67 00
(00237) 976 61 66
harmattancam@yahoo.fr

614246 - Juillet 2015
Achevé d'imprimer par

1livre.com
du rêve à la réalité !

www.ingramcontent.com/pod-product-compliance
Lightning Source LLC
LaVergne TN
LVHW010926061026
849535LV00007B/2263